2017年全国主要农作物品种推广应用报告

国家农作物品种审定委员会　编著

U0306787

中国农业科学技术出版社

图书在版编目（CIP）数据

2017 年全国主要农作物品种推广应用报告 / 国家农作物品种审定委员会编著 . —北京：中国农业科学技术出版社，2019. 3

ISBN 987-7-5116-4079-6

Ⅰ . ①2… Ⅱ . ①国… Ⅲ . ①作物—品种推广—研究报告—中国—2017 Ⅳ.①S322. 1

中国版本图书馆 CIP 数据核字（2019）第 049874 号

责任编辑　贺可香
责任校对　贾海霞

出 版 者　中国农业科学技术出版社
　　　　　北京市中关村南大街12号　　邮编：100081
电　　话　（010）82106638（编辑室）　（010）82109702（发行部）
　　　　　（010）82109709（读者服务部）
传　　真　（010）82106626
网　　址　http:// www.CASTP.cn
经 销 者　全国各地新华书店
印 刷 者　北京地大天成印务有限公司
开　　本　889mm×1 194mm
印　　张　11.5
字　　数　260千字
版　　次　2019年3月第1版　　2019年3月第1次印刷
定　　价　160.00元

《2017年全国主要农作物品种推广应用报告》
编著名单

主　　任：张延秋　　刘天金

副 主 任：周云龙　　吴晓玲　　孙好勤　　刘　信

委　　员：杨海生　　马志强　　杜晓伟　　储玉军　　邹　奎　　丁　明

马运粮　　王军强　　王焕强　　王德海　　卢开阳　　卢守文

冯书云　　朱　鸿　　祁广军　　许靖波　　孙国坤　　严勇敢

李稳香　　吴金次仁　何国威　　何金龙　　沈　丽　　宋继辉

张志刚　　张继群　　张富兴　　张锡铭　　周向阳　　郑　清

赵月奎　　胡有林　　施俊生　　贾希海　　夏龙平　　徐茂祥

高　捷　　黄春峰　　盛根龙　　常　宏　　阎会平　　蒋庆功

熊成国

主 编 著：孙好勤　　刘　信

副主编著：马志强　　张　毅　　厉建萌　　邱　军　　许靖波　　张志刚

周继泽　　芦玉双　　张献龙

编著人员（按照姓氏笔画排序）：

丁　军　　王　轩　　王　奕　　王　然　　王天宇　　王仁杯

王凤华　　王占廷　　王西成　　王伟成　　王叚军　　王洪凯

毛　沛　　卞宏淳　　邓　丽　　邓士政　　邓宏中　　石　洁

卢怀玉	田志国	付高平	白文钦	冯勇	冯耀斌
邢郓	吉万全	师祎	吕季娟	吕建华	吕德安
朱龙付	朱国邦	伍玲	刘鑫	刘万才	刘玉恒
刘华荣	刘良柏	刘显辉	闫治斌	许明	许乃银
许华勇	孙晶	孙太石	孙世贤	孙连发	孙林华
李华	李小林	李长辉	李凤海	李永青	李全衡
李汝玉	李红霞	李志勇	李丽君	李绍清	李春杰
李洪来	李洪建	李雪源	李稳香	李磊鑫	杨子光
杨元明	杨文军	杨远柱	肖必祥	吴开均	吴存祥
吴宏亚	何艳琴	余渝	谷登斌	邹德堂	冷苏凤
汪爱顺	沈丽	宋连启	宋继辉	宋锦花	张力
张芳	张勇	张卫清	张文英	张平治	张存良
张灿军	张凯淅	张承毅	张思涛	张笑晴	陈西
陈亮	陈晓	陈靖	陈华文	陈庆山	陈坤朝
陈金节	范荣喜	林金平	罗海敏	金志刚	周广春
周安定	周继勇	赵虹	赵仁贵	赵昌平	赵淑琴
钟育海	胡喜平	段玉玺	侯立刚	姚宏亮	姚金元
贺国良	夏静	聂新辉	夏献锋	顾见勋	徐希德
徐振江	栾奕	高媛	高新勇	郭利磊	郭晓雷
唐世伟	唐海涛	陶伟国	黄文赟	黄志平	黄庭旭
曹立勇	曹廷杰	曹靖生	龚志明	常萍	符海秋
康广华	董国兴	韩友学	韩文婷	程尚明	番兴明
曾波	雷振生	福德平	翟雪玲	潘金豹	薛吉全

编写分析师（按照姓氏笔画排序）：

丁　军	马　磊	王　轩	王　佳	王　奕
王　健	王文良	王伟成	王怀杯	王宏康
王曙明	毛双林	毛瑞喜	邓士政	龙　挺
叶翠玉	付高平	边士倩	师　祎	吕季娟
朱国邦	刘　虎	刘　鑫	刘文国	刘玉恒
刘华荣	刘志芳	刘桂珍	刘晓燕	许　明
孙　晶	孙林华	李　波	李　燕	李　霞
李全衡	李丽君	李春杰	杨　沫	杨　惠
杨　磊	杨文军	时小红	沈　静	宋锦花
张　力	张卫清	张玉明	张茂哲	张思涛
陈　西	陈　亮	陈　晓	陈双龙	陈华文
陈春梅	陈蔡隽	武　琦	范荣喜	林丽萍
罗海敏	金志刚	周安定	周继勇	郑祥博
赵现伟	战　勇	钟　文	钟　波	侯立刚
俞琦英	姚宏亮	夏　静	顾见勋	高　媛
郭小红	郭晓雷	常　萍	彭贤力	韩友学
韩文婷	程艳波	傅晓华	温宪勤	谢　彬
雷云周	熊　婷	燕　宁		

　　国以农为本，农以种为先。习近平总书记强调，十几亿人口要吃饭，这是我国最大的国情。良种在促进粮食增产方面具有十分关键的作用，要下决心把现代种业搞上去，抓紧培育具有自主知识产权的优良品种，从源头上保障国家粮食安全。

　　新中国成立以来，我国育成农作物新品种20 000余个，实现5～6次新品种大规模更新换代，推广了一批突破性优良新品种，如杂交水稻品种汕优63、两优培九、扬两优6号、Y两优1号等，优质高产小麦品种扬麦158、郑麦9023、济麦22、矮抗58等，杂交玉米品种中单2号、丹玉13、掖单13、农大108、郑单958、京科968等，高产广适大豆品种中黄13等，转基因抗虫棉品种中棉29、中棉所41、鲁棉研15等，主要农作物良种基本实现全覆盖，自主选育品种面积占比达95%以上，良种在农业增产中的贡献率达到43%以上。农作物新品种对确保粮食产量持续增长做出了重大贡献。

　　2011年国务院印发《关于加快推进现代农作物种业发展的意见》（国发〔2011〕8号）以来，我国种业改革发展取得了长足进展，特别是党的十八大以来，企业育种创新主体地位不断加强，农作物品种审定制度改革不断深化，农作物品种区域试验网络体系进一步完善，审定了一批突破性优良品种，种子质量控制体系和良种供应能力稳步提高，有力保障了农民用种安全。

　　为进一步了解主要农作物品种生产推广应用情况，农业农村部种业管理司组织第四届国家农作物品种审定委员会水稻、小麦、玉米、大豆、棉花等5个专业委员会委员和有关省区市的技术人员，分析了2017年度我国水稻、小麦、玉米、大豆、棉花等5个主要农作物品种推广应用情况，按照品种总体概况、品种推广应用特点、主要产区推广的主要品种类型及表现以及未来产业发展趋势展望等内容进行深入研究，提炼了我国主要农作物品种推广应用发展规律，总结了一批优势品种应用价值和潜力，为育种家按照市场导向和问题导向选育新品种提供借鉴参考，也为领导决策、品种推广、农民选种、企业生产提供科学依据。

　　本书是我国第一次出版全国品种应用推广报告。为做好编制工作，我们在各地推荐的基础上确认了国家主要农作物品种分析师，着力打造一支业务水平高、沟通能力强的相对固定的专业化品种分析队伍。在编写过程中，凝结了种业界管理人员、专家及技术骨干的智慧，也征询了基层农技人员、科技示范户和种粮大户的意见，在此一并表示衷心的感谢和诚挚的敬意。

　　相信本书出版，对于促进绿色新品种选育、推动农作物品种新一轮的更新换代、支撑我国农业供给侧结构性改革和实施乡村振兴战略具有重要意义。

编著者

2018年12月

目 录

第一部分 水 稻

第一章
2017年我国水稻品种推广应用情况

一、2017年我国水稻生产概况

2017年中央和地方政府继续稳定加大"三农"支持力度，深入推进农业供给侧结构性改革，破解粮食供需结构性矛盾，着手调优产品结构、调精品质结构、调高产业结构，整合生物技术、信息技术、材料技术等在水稻良种培育、高效生产等领域的应用，继续支持耕地地力保护和粮食适度规模经营，组织开展粮食绿色高产高效创建，引领水稻产业提质增效和转型升级，促进绿色可持续发展。

2017年全国水稻良种推广面积41 889.10万亩[①]，较2016年减少455.60万亩，同比下降1.05%，基本平缓。其中粳稻种植面积提升0.66%，籼稻种植面积减少1.84%（表1-1）。常规稻推广面积以及占总面积[②]比重均略有上升，杂交水稻推广面积略有减少，双季稻改单季稻面积继续增加。常规水稻方面，常规早稻推广面积以及比重均上升，主要为早籼品种；常规中稻占中稻面积的比重下降而占总面积比重增加，主要为中粳品种；常规晚稻占晚稻面积的比重下降而占总面积比重增加，主要为晚粳品种。杂交水稻方面，杂交早稻、杂交晚稻推广面积以及占总面积比均下降，杂交中稻推广面积及其占总面积比重均增加，杂交水稻品种数量增加，竞争激烈。值得一提的是，以浙江省为主的籼粳杂交稻放量增长，推广区域不断扩大。

---

① 统计数据为17个主要水稻推广应用省份，包括黑龙江省、湖南省、江西省、安徽省、江苏省、湖北省、四川省、广西壮族自治区（以下简称广西）、广东省、福建省、浙江省、重庆市、吉林省、云南省、河南省、辽宁省、贵州省，未获得台湾省数据故不讨论。

② 总面积指全国水稻良种推广面积（15亩=1hm²），下同。

表1-1　2016—2017年全国水稻推广情况汇总①

省 （区、市）	2017年		2016年		2017年较2016年增加	
	推广面积 （万亩）	品种数量 （个）	推广面积 （万亩）	品种数量 （个）	推广面积 （万亩）	面积比例 （％）
全国	41 889.10	—	42 334.70	—	−445.60	−1.05
黑龙江	6 164.40	131	6 109.20	138	55.20	0.90
湖南	5 666.90	762	6 060.10	700	−393.20	−6.49
江西	4 040.10	388	4 103.10	311	−63.00	−1.54
安徽	3 451.30	377	3 423.00	383	28.30	0.83
江苏	3 343.00	215	3 295.00	211	48.00	1.46
湖北	3 209.20	302	3 196.40	287	12.80	0.40
四川	2 985.80	277	2 993.70	232	−7.90	−0.26
广西	2 879.50	537	2 865.00	708	14.50	0.51
广东	2 831.90	658	2 832.90	604	−1.00	−0.04
福建	1 180.20	776	1 184.80	754	−4.60	−0.39
浙江	1 107.60	187	1 138.80	188	−31.20	−2.74
重庆	1 010.60	258	1 011.70	259	−1.10	−0.11
吉林	1 008.80	159	1 000.70	140	8.10	0.81
云南	963.70	430	1 046.50	533	−82.80	−7.91
河南	894.40	85	881.60	72	12.80	1.45
辽宁	649.10	118	678.20	103	−29.10	−4.29
贵州	502.60	185	514.00	289	−11.40	−2.22

（一）主要类型品种推广面积情况

粳稻稳定发展，籼稻面积有所减少。2017年全国籼稻推广应用面积28 519.10万亩，比2016年减少533.20万亩，同比减少1.84%；籼稻种植面积占水稻总面积的68.08%，比重下降0.55%。粳稻推广面积为13 370.0万亩，比2016年增加87.60万亩，同比增加0.66%；粳稻种植面积占总面积31.92%，比重上升0.55%，主要表现在江西省、湖北省、福建省、四川省等南方地区粳稻推广面积增长幅度较大（表1-2）。

---

① 各省填报品种存在品种重合现象，全国水平下进行统计将造成重复计算，无法反映真实情况，故对此不进行全国水平讨论。

表1-2　2016—2017年全国籼稻和粳稻推广面积　　　　　　　　（万亩）

省 （区、市）	籼稻			粳稻		
	2017年	2016年	同比增加（%）	2017年	2016年	同比增加（%）
全国	28 519.10	29 052.30	−1.84	13 370.00	13 282.40	0.66
黑龙江				6 164.40	6 109.20	0.90
湖南	5 666.90	6 060.10	−6.49			
江西	3 911.80	4 067.90	−3.84	128.30	35.20	264.49
安徽	2 641.70	2 554.00	3.43	809.60	800.00	1.20
江苏	400.00	350.00	14.29	2 943.00	2 945.00	−0.07
湖北	3 108.50	3 118.80	−0.33	100.70	77.60	29.77
四川	2 893.60	2 913.20	−0.67	92.20	80.50	14.53
广西	2 879.50	2 865.00	0.51			
广东	2 831.90	2 832.90	−0.04			
福建	1 172.40	1 178.10	−0.49	7.80	6.70	16.42
浙江	299.40	323.20	−7.36	808.20	815.60	−0.91
重庆	1 006.30	1 001.70	0.46	4.30	10.00	−57.00
吉林				1 008.80	1 000.70	0.81
云南	521.70	578.50	−9.82	442.00	468.00	−5.56
河南	686.80	694.90	−1.17	207.60	186.70	11.19
辽宁				649.10	678.20	−4.29
贵州	498.60	514.00	−3.00	4.00		①

　　"双季改单季"趋势明显。2017年全国早稻推广7 465.20万亩，较2016年减少294.30万亩，同比减少3.79%，占总面积17.82%，比重下降2.73%；中稻推广25 552.90万亩，比2016年增加416.10万亩，同比增加1.66%，占总面积61.00%，比重上升2.75%；晚稻推广8 871.00万亩，比2016年减少567.40万亩，同比减少6.01%，占总面积21.18%，比重下降4.98%。双季稻区湖南省、江西省、湖北省、广西壮族自治区、浙江省等的早晚两季推广面积均小于2016年（表1-3）。

―――――――――
　　① 2016年贵州省没有粳稻数据，无法计算粳稻增长幅度。

表1-3 2016—2017年全国早稻、中稻、晚稻推广面积 （万亩）

省（区、市）	早稻			中稻			晚稻		
	2017年	2016年	增加（%）	2017年	2016年	增加（%）	2017年	2016年	增加（%）
全国	7 465.20	7 759.50	-3.79	25 552.90	25 136.8	1.66	8 871.00	9 438.40	-6.01
黑龙江				6 164.40	6 109.20	0.90			
湖南	2 095.40	2 197.30	-4.64	1 465.20	1 492.70	-1.84	2 106.30	2 370.10	-11.13
江西	1 564.70	1 694.80	-7.68	887.60	648.00	36.98	1 587.80	1 760.30	-9.80
安徽	202.90	170.00	19.35	3 043.00	2 850.00	6.77	205.40	334.00	-38.50
江苏				3 343.00	3 295.00	1.46			
湖北	563.10	618.10	-8.90	1 980.10	1 905.30	3.93	666.00	673.00	-1.04
四川				2 985.80	2 993.70	-0.26			
广西	1 296.00	1 305.00	-0.69	242.00	213.00	13.62	1 341.50	1 347.00	-0.41
广东	1 338.70	1 337.70	0.07				1 493.20	1 495.20	-0.13
福建	248.60	269.90	-7.89	472.90	463.50	2.03	458.70	451.50	1.59
浙江	155.80	166.70	-6.54				951.80	972.10	-2.09
重庆				1 010.60	1 011.70	-0.11			
吉林				1 008.80	1 000.70	0.81			
云南				963.70	1 046.50	-7.91			
河南				894.40	881.60	1.45			
辽宁				588.80	642.90	-8.41	60.30	35.30	70.82
贵州				502.60	514.00	-2.22			

常规稻面积有所增加。2017年常规稻推广18 718.20万亩，比2016年增加45.40万亩，同比上升0.24%，占总面积的44.69%，比重上升1.31%。其中，常规早稻推广面积以及占早稻面积、总面积的比重均有较大提升。2017年常规早籼稻推广3 353.80万亩，比2016年增加66.90万亩，同比增加2.04%，占总面积比重上升3.22%，占早稻面积比重上升6.07%。常规早稻推广面积前三位的省份依次是湖南省、江西省、广东省，推广面积、品种数量均较2016年小幅增加；常规早稻中嘉早17、中早39推广面积居前两位。常规早稻主导品种数量较少，变化较小（表1-4、表1-5）。

常规中稻推广面积小幅度上升。2017年常规中稻推广面积为12 719.60万亩，较2016年增加54.20万亩，占总面积30.36%，比重上升1.47%。其中常规中粳推广12 032.70万亩，占常规中稻推广面积94.60%，主要分布在黑龙江省、江苏省、吉林省，常规中稻推广面积前三位的品种是绥粳18、龙粳31、龙粳46。南方地区推广面积最大的常规籼稻品种是黄华占。

常规晚稻推广面积及其占总面积的比重均下降。常规晚稻推广2 644.80万亩，较2016减少75.70万亩，占总面积6.31%，比重下降1.71%，占晚稻面积29.81%，比重较2016年上升3.43%。常规晚粳、常规晚籼推广面积分别是1 940.00万亩、704.80万亩，常规晚稻推广面积排名前3个省份依次是广东省、湖南省、浙江省。

杂交水稻推广总体呈现下降趋势，其中杂交早稻、杂交晚稻的推广面积及其占总面积比重均减少，杂交中稻推广面积及其占总面积比重略有增加。杂交水稻推广品种数量增加，品种竞争激烈。2017年杂交稻推广23 170.90万亩，比2016年减少491.00万亩，同比下降2.08%，占总面积比重下降0.99%；其中湖南省和江西省杂交稻推广面积较2016年分别减少396.60万亩、151.50万亩，品种数量却较2016年增加55个、64个，杂交种子市场竞争加剧。杂交稻推广面积增长量前三个省份依次是广西壮族自治区、安徽省、浙江省，杂交水稻推广面积分别比2016年增加62.20万亩、51.70万亩、45.80万亩，主要增量为杂交中稻（表1-6、表1-7）。

2017年杂交早稻推广4 111.40万亩，比2016年减少361.20万亩，同比下降8.08%，占总面积的9.81%，比重下降7.10%。杂交早稻推广面积前3位的省份依次是广西壮族自治区、湖南省、江西省。除广西壮族自治区以外省份的杂交早稻推广面积均少于2016年。

2017年杂交中稻推广12 833.30万亩，较2016年增加361.90万亩，同比增长2.90%，占总面积的30.64%，比重上升4.01%，其中籼稻品种占杂交中稻面积的98.41%。杂交中稻推广面积前3位的省份依次是四川省、安徽省、湖北省。

2017年杂交晚稻推广6 226.20万亩，比2016年减少491.70万亩，同比下降7.32%，占总面积的比重下降6.36%。江西省、湖南省、安徽省、湖北省的推广面积均少于2016年，而品种数量均多于2016年，品种竞争加剧。

以浙江省为主的籼粳杂交稻放量增长。2017年甬优、春优为代表的籼粳杂交稻推广面积达到150万亩以上，籼粳杂交稻成为浙江主要推广品种，推广区域扩大到邻近的江西、福建、安徽、江苏等。籼粳杂交稻充分利用籼粳亚种间杂种优势，产量高、潜力大，发展势头良好。

表1-4 2016—2017年全国常规稻推广面积情况

（万亩）

省（区、市）	常规稻			常规早稻			常规中稻			常规晚稻		
	2017年	2016年	增加（%）	2017年	2016年	增加（%）	2017年	2016年	增加（%）	2017年	2016年	增加（%）
全国	18 718.20	18 672.80	0.24	3 353.80	3 286.90	2.04	12 719.60	12 665.40	0.43	2 644.80	2 720.50	-2.78
黑龙江	6 164.40	6 109.20	0.90				6 164.40	6 109.20	0.90			
湖南	2 096.50	2 093.10	0.16	1 249.50	1 230.10	1.58	250.90	228.20	9.95	596.10	634.80	-6.10
江西	1 008.30	919.80	9.62	756.70	696.50	8.64	188.90	202.20	-6.58	62.70	21.10	197.16
安徽	975.60	930.00	4.90	166.00	130.00	27.69	669.00	669.00	0.00	140.60	200.00	-29.70
江苏	2 918.20	2 925.00	-0.23				2 918.20	2 925.00	-0.23			
湖北	689.00	665.70	3.50	263.80	303.00	-12.94	127.20	79.40	60.20	298.00	283.30	5.19
四川	98.50	92.00	7.07				98.50	92.00	7.07			
广西	502.30	550.00	-8.67	100.50	115.00	-12.61				401.80	435.00	-7.63
广东	1 228.60	1 197.00	2.64	602.40	577.80	4.26				626.20	619.20	1.13
福建	90.20	102.30	-11.83	59.10	67.80	-12.83	5.30	5.20	1.92	25.80	29.20	-11.64
浙江	589.10	629.30	-6.39	155.80	166.70	-6.54				433.30	462.60	-6.33
重庆	7.40	12.50	-40.80				7.40	12.50	-40.80			
吉林	1 008.80	1 000.70	0.81				1 008.80	1 000.70	0.81			
云南	503.50	524.60	-4.02				503.50	524.60	-4.02			
河南	188.70	174.50	8.14				188.70	174.50	8.14			
辽宁	649.10	678.20	-4.29				588.80	642.90	-8.41	60.30	35.30	70.82
贵州												

表1-5　2017年全国常规稻推广面积情况

（万亩）

省（区、市）	常规籼稻	常规粳稻	常规早籼	常规早粳	常规中籼	常规中粳	常规晚籼	常规晚粳
全国	5 977.30	12 740.90	3 350.40	3.40	686.90	12 032.70	1 940.00	704.80
黑龙江		6 164.40				6 164.40		
湖南	2 096.50		1 249.50		250.90		596.10	
江西	1 006.10	2.20	756.70		186.70	2.20	62.70	
安徽	166.00	809.60	166.00			669.00		140.60
江苏		2 918.20				2 918.20		
湖北	619.90	69.10	263.80		127.20		228.90	69.10
四川	6.30	92.20			6.30	92.20		
广西	502.30		100.50				401.80	
广东	1 228.60		602.40				626.20	
福建	82.40	7.80	55.7	3.40	3.50	1.80	23.20	2.60
浙江	156.9	432.20	155.80				1.10	432.20
重庆	4.80	2.60			4.80	2.60		
吉林		1 008.80				1 008.80		
云南	107.50	396.00			107.50	396.00		
河南		188.70				188.70		
辽宁		649.10				588.80		60.30
贵州								

表1-6　2016—2017年全国杂交稻推广面积情况

（万亩）

省 （区、市）	杂交稻			杂交早稻			杂交中稻			杂交晚稻		
	2017年	2016年	增加（%）	2017年	2016年	增加（%）	2017年	2016年	增加（%）	2017年	2016年	增加（%）
全国	23 170.90	23 661.90	-2.08	4 111.40	4 472.60	-8.08	12 833.30	12 471.40	2.90	6 226.20	6 717.90	-7.32
黑龙江												
湖南	3 570.40	3 967.00	-10.00	845.90	967.20	-12.54	1 214.30	1 264.50	-3.97	1 510.20	1 735.30	-12.97
江西	3 031.80	3 183.30	-4.76	808.00	998.30	-19.06	698.70	445.80	56.73	1 525.10	1 739.20	-12.31
安徽	2 475.70	2 424.00	2.13	36.90	40.00	-7.75	2 374.00	2 250.00	5.51	64.80	134.00	-51.64
江苏	424.80	370.00	14.81				424.80	370.00	14.81			
湖北	2 520.20	2 530.70	-0.41	299.30	315.10	-5.01	1 852.90	1 825.90	1.48	368.00	389.70	-5.57
四川	2 887.30	2 901.70	-0.50				2 887.30	2 901.70	-0.50			
广西	2 377.20	2 315.00	2.69	1 195.50	1 190.00	0.46	242.00	213.00	13.62	939.70	912.00	3.04
广东	1 603.30	1 635.90	-1.99	736.30	759.90	-3.11				867.00	876.00	-1.03
福建	1 090.00	1 082.60	0.68	189.50	202.10	-6.23	467.60	458.30	2.03	432.90	422.20	2.53
浙江	518.50	509.50	1.77							518.50	509.50	1.77
重庆	1 003.20	999.20	0.40				1 003.20	999.20	0.40			
吉林												
云南	460.20	521.90	-11.82				460.20	521.90	-11.82			
河南	705.70	707.10	-0.20				705.70	707.10	-0.20			
辽宁												
贵州	502.60	514.00	-2.22				502.60	514.00	-2.22			

表1-7　2017年全国杂交稻推广面积情况

（万亩）

省（区，市）	杂交籼稻	杂交粳稻	杂交早籼	杂交早粳	杂交中籼	杂交中粳	杂交晚籼	杂交晚粳
全国	22 541.80	629.10	4 111.40	0	12 629.20	204.10	5 801.20	425.00
黑龙江								
湖南	3 570.40		845.90		1 214.30		1 510.20	
江西	2 905.70	126.10	808.00		602.60	96.10	1 495.10	30.00
安徽	2 475.70		36.90		2 374.00		64.80	
江苏	400.00	24.80			400.00	24.80		
湖北	2 488.60	31.60	299.30		1 840.30	12.60	349.00	19.00
四川	2 887.30				2 887.30			
广西	2 377.20		1 195.50		242.00		939.70	
广东	1 603.30		736.30				867.00	
福建	1 090.00		189.5		467.60		432.90	
浙江	142.50	376.00					142.50	376.00
重庆	1 001.50	1.70			1 001.50	1.70		
吉林								
云南	414.20	46.00			414.20	46.00		
河南	686.80	18.90			686.80	18.90		
辽宁								
贵州	498.60	4.00			498.60	4.00		

（二）各省推广品种数量情况

2017年籼稻推广品种数量大省（区）依然是福建省、湖南省、广东省和广西壮族自治区，均超过500个，但广西壮族自治区较2016年减少24.15%，其他三省同比上升2.50%～8.86%；粳稻推广品种数量大省是吉林省、云南省、江苏省和黑龙江省，均超过100个，其中黑龙江省和云南省有所下降，但下降最明显的省份是云南省，同比减少30.04%，其他两省同比增加13.57%～16.81%。具体分布情况见表1-8。

表1-8　2016—2017年全国籼稻和粳稻品种数量　　　　　　　　　　（个）

省 （区、市）	籼稻			粳稻		
	2017年	2016年	增加	2017年	2016年	增加
黑龙江				131	138	-7
湖南	762	700	62			
江西	379	303	76	9	8	1
安徽	321	320	1	56	63	-7
江苏	83	98	-15	132	113	19
湖北	284	271	13	18	16	2
四川	275	230	45	2	2	
广西	537	708	-171			
广东①	658	604	53			
福建	767	748	19	9	6	3
浙江	96	103	-7	91	85	6
重庆	253	253	0	5	6	-1
吉林				159	140	19
云南	281	320	-39	149	213	-64
河南	49	41	8	36	31	5
辽宁				118	103	15
贵州	183	289	-106	2		2

2017年早稻品种数量排在前三位的省份是广东省、广西壮族自治区和福建省，紧随其后是江西省和湖南省均超过100个，其中江西省品种数量增幅较大同比增加18.02%，广西壮族自治区推广品种数量减少85个，同比减少27.39%；中稻品种推广数量各省同比2016年略有增加，但云南省、贵州和安徽除外。排在前三位的推广大省为云南省、湖南省和安徽省，分别

---

① 据广东省统计解释，该省份两年品种数量658个、604个为早晚稻应用数量汇总（含早晚兼用品种），两年品种实际数量分别为398个、383个。

为430个、378个和282个，但云南省和安徽省同比减少19.32%和5.69%，湖南省增长幅度较大较2016年增加39个，同比增加11.50%；晚稻基本与早稻保持一致，排在前三位的省份是广东省、福建省和广西壮族自治区，分别为368个、312个和281个，同比2016年略有增加，但广西壮族自治区除外，同比减少23.85%。具体分布情况见表1-9。

表1-9　2016—2017年全国早、中、晚稻品种数量对比　　　　　　　　　（个）

省（区、市）	早稻			中稻			晚稻		
	2017年	2016年	增加	2017年	2016年	增加	2017年	2016年	增加
黑龙江				131	138	−7			
湖南	120	118	2	378	339	39	264	243	21
江西	131	111	20	118	85	33	139	115	24
安徽	34	34		282	299	−17	61	50	11
江苏				215	211	4			
湖北	32	31	1	212	200	12	58	56	2
四川				277	232	45			
广西	228	314	−86	28	25		281	369	−88
广东	290	272	18				368	332	36
福建	185	176	9	279	273	6	312	305	7
浙江	23	23					164	165	−1
重庆				258	259	−1			
吉林				159	140	19			
云南				430	533	−103			
河南				85	72	13			
辽宁				101	89	12	17	14	3
贵州				185	289	−104			

2017年全国各省常规稻推广品种数量基本呈增长趋势，但云南省除外。排在前三位的省份为云南省、吉林省和黑龙江省，其中云南省较2016减少58个，同比减少25.44%，吉林省同比增加13.57%。杂交稻品种数量排在前三位的省份为福建省、湖南省和江西省，其中福建省和湖南省均超过700个，同比分别增加2.78%、16.71%和22.15%，各省份中贵州省下降幅度最明显，较2016年减少104个，同比减少35.99%（表1-10）。

表1-10　2016—2017年全国常规稻、杂交稻数量对比　　　　（个）

省份（区、市）	常规稻			杂交稻		
	2017年	2016年	增加	2017年	2016年	增加
黑龙江	131	138	−7			
湖南	56	49	7	706	651	55
江西	35	22	13	353	289	64
安徽	76	82	−6	301	301	
江苏	127	107	20	88	104	−16
湖北	29	27	2	273	260	13
四川	5	4	1	272	228	44
广西	89	92	−3	448	616	−168
广东	114	117	−3	284	266	18
福建	37	35	2	739	719	20
浙江	83	79	4	104	109	−5
重庆	5	5		253	254	−1
吉林	159	140	19			
云南	170	228	−58	260	305	−45
河南	35	30	5	50	42	8
辽宁	118	103	15			
贵州				185	289	−104

2017年全国常规稻品种推广大省较2016年基本保持不变。早稻和晚稻均为广东省且都超过100个；中稻推广品种数量排在前三的省份为云南省、吉林省和黑龙江省，均超过130个，其中吉林省同比增加13.57%，但云南省和黑龙江省分别同比减少25.44%和5.07%。其他各省推广品种数量都略有增加。具体分布情况见表1-11。

表1-11　2016—2017年常规稻品种数量对比　　　　（个）

省份（区、市）	常规早稻			常规中稻			常规晚稻		
	2017年	2016年	增加	2017年	2016年	增加	2017年	2016年	增加
黑龙江				131	138	−7			
湖南	21	19	2	10	7	3	25	23	2
江西	18	13	5	10	7	3	7	2	5

（续表）

省份（区、市）	常规早稻			常规中稻			常规晚稻		
	2017年	2016年	增加	2017年	2016年	增加	2017年	2016年	增加
安徽	20	19	1	34	33	1	22	30	-8
江苏				127	107	20			
湖北	10	9	1	6	6	0	13	12	1
四川				5	4	1			
广西	41	38	3				48	54	-6
广东	98	96	2				107	106	1
福建	17	17	0	9	6	3	11	12	-1

2017年全国杂交稻推广品种数量排前三位的省份早稻和晚稻基本保持一致，中稻变化较大。杂交早稻排前三的省份为广东省、广西壮族自治区和福建省，均超过150个，其中广东省和福建省同比增加9.09%和5.66%，但广西壮族自治区下降明显，较2016年减少89个，同比减少32.25%。杂交中稻排在前三的省份为湖南省、四川省和福建省，均超过250个，同比增加10.84%、19.29%和1.12%，云南省和贵州省下降最明显，同比减少15.75%和35.99%。杂交晚稻排前三的省份为福建省、广东省和湖南省，均超过230个，同比增加2.73%、15.49%和8.64%，广西壮族自治区下降最明显，较2016年减少82个，同比减少26.03%。具体分布情况见表1-12。

表1-12　2016—2017年全国杂交早、中、晚稻品种数量　　　　　　（个）

省份（区、市）	杂交早稻			杂交中稻			杂交晚稻		
	2017年	2016年	增加	2017年	2016年	增加	2017年	2016年	增加
黑龙江									
湖南	99	99	0	368	332	36	239	220	19
江西	113	98	15	108	78	30	132	113	19
安徽	14	15	-1	248	266	-18	39	20	19
江苏				88	104	-16			
湖北	22	22	0	206	194	12	45	44	1
四川				272	228	44			

（续表）

省份（区、市）	杂交早稻			杂交中稻			杂交晚稻		
	2017年	2016年	增加	2017年	2016年	增加	2017年	2016年	增加
广西	187	276	−89	28	25	3	233	315	−82
广东	192	176	16				261	226	35
福建	168	159	9	270	267	3	301	293	8
浙江							104	109	−5
重庆				253	254	−1			
吉林									
云南				260	305	−45			
河南				50	42	8			
辽宁									
贵州				185	289	−104			

2017年常规籼稻推广品种数量最大的省份为广东省，达到了114个；常规粳稻品种数量超过100个的省份分别为云南省、吉林省、黑龙江省、江苏省和辽宁省，其他省份均未达到100个。常规早籼品种数量达到100的省份只有广东省；常规早粳、常规中籼和常规晚粳品种数量在全国各省均不到100个；常规中粳品种数量超过100的省份分别为云南省、吉林省、黑龙江省和江苏省；常规晚籼品种数量超过100的省份只有广东省。具体分布情况见表1-13。

2017年杂交籼稻推广品种基本覆盖南方各省份，其中品种数量超过700个省份为湖南省和福建省，广西壮族自治区超过400个。杂交早籼推广品种数量超过100个的省份为广东省、广西壮族自治区、福建省和江西省，湖南省接近100个；杂交中籼推广品种最多的省份为湖南省，达到368个；杂交晚籼推广品种超过300的省份为福建省，其次为广东省、湖南省、广西壮族自治区和江西省；杂交粳稻、杂交早粳、杂交中粳和杂交晚粳在各省份品种均较少，主要集中在浙江和云南，有较大的推广空间。浙江的杂交粳稻主要为籼粳杂交稻，籼粳杂交稻育成品种及推广已覆盖到江苏、江西、湖北、安徽等省份。东北寒地杂交粳稻已取得品种育种上的突破，推广种植方面值得期待。具体分布情况见表1-14。

表1-13　2017年全国常规稻推广品种数量

（个）

省（区、市）	常规籼稻	常规粳稻	常规早籼	常规早粳	常规中籼	常规中粳	常规晚籼	常规晚粳
黑龙江		138				138		
湖南	49		19		7		23	
江西	21	1	13		6	1	2	
安徽	19	63	19			33		30
江苏		107				107		
湖北	18	9	9		6		3	9
四川	2	2			2	2		
广西	92		38				54	
广东	114		98				107	
福建	29	6	15	2	4	2	10	2
浙江	28	51	23				5	51
重庆	2	3			2	3		
吉林		140				140		
云南	41	187			41	187		
河南		30				30		
辽宁		103				89		14
贵州								

表1-14　2017年全国杂交稻推广品种数量

（个）

省（区、市）	杂交籼稻	杂交粳稻	杂交早籼	杂交早粳	杂交中籼	杂交中粳	杂交晚籼	杂交晚粳
黑龙江								
湖南	706		99		368		239	
江西	345	8	113		103	5	129	3
安徽	301		14		248		39	
江苏	83	5			83	5		
湖北	265	8	22		204	2	39	6
四川	272				272			
广西	448		187		28		233	
广东	284		192				261	
福建	739		168		270		301	
浙江	69	35					69	35
重庆	251	2			251	2		
吉林								
云南	231	29			231	29		
河南	49	1			49	1		
辽宁								
贵州	183	2			183	2		

二、2017年我国水稻品种推广应用特点

（一）品种数量多但大品种数量少

2017年全国推广应用的水稻品种达到5 861个次。单个省份推广500万亩以上的品种有4个[①]（绥稻18、龙粳31、龙粳46、南粳9108），较2016年增加2个。这四个粳稻品种推广面积3 324.40万亩，较2016年增加1 255万亩，同比上升164.89%，占总面积的7.94%，比重较2016年上升62.19%。除上述4个品种外，粳稻品种中嘉早17和黄华占全国统计面积已超过500万亩。推广面积为100万～500万亩的品种有39个，较2016年减少6个，其推广面积达6 562.30万亩，占总面积的15.67%，比重较2016年下降15.48%。推广面积为10万～100万亩的品种推广面积达30 026.20万亩，占总面积的71.68%，比重与2016相近（图1-1）。总体形势呈现品种数量多，大品种数量较少。

随着绿色通道和联合体试验规模的不断扩大，推广应用的水稻品种数量激增。2017年国家共审定水稻品种178个，其中160个是杂交籼稻品种，同比增长171.20%；企业绿色通道通过审定的品种97个，占比60.60%。预计未来几年，企业绿色通道和联合体区试通过审定的品种将持续呈井喷态势，总体水稻新品种数量进一步激增。势必造成种子市场竞争加剧，农民选种难度加大。

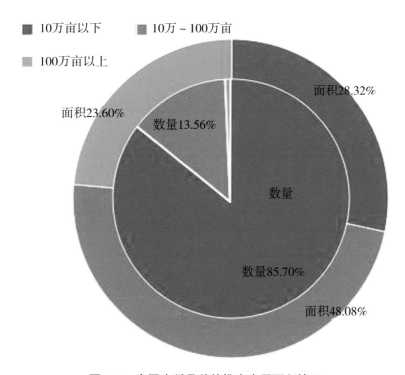

图1-1　全国水稻品种的推广应用面积情况

[①]　中嘉早17、黄华占总推广面积超过500万亩，但在单个省份推广面积未达到500万亩，未被列为省级500万亩以上品种。

（二）新老品种交错但主导品种推广稳定

对2015—2017年各省早籼、中籼、晚籼推广面积前20位品种、粳稻推广面积前30位品种进行汇总统计，2017年、2016年、2015年主导品种平均推广应用时间①保持在7年左右；其中2017年、2016年、2015年推广面积在10万亩以上的水稻品种平均推广应用时间为6～7年；2017年、2016年、2015年推广面积在100万亩以上品种平均推广应用时间分别7年、6年、6年（图1-2）。品种的平均推广应用时间表明，大品种市场推广应用需要一定时间。

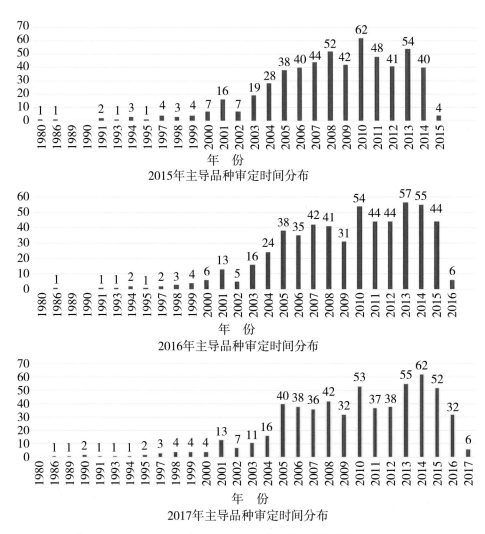

图1-2　2015—2017年主导品种审定年份情况

总体来看，新老品种在更迭替换交错，而大多数品种推广面积小，市场认知度不高。但根据各省统计结果，2017年主导品种中2000年之前审定的品种有24个，推广时间最长的品种

---

① 推广应用时间=统计数据当年年份-品种第一次通过审定年份，平均推广应用时间为统计年份内所有水稻品种推广应用时间的平均值。由于水稻审定时间相对集中，无法通过审定时间中位数来体现水稻更新速度，故选用平均应用推广时间。

于1986年审定。品种平均推广应用时间呈增加趋势，品种的平均推广应用时间表明，大品种市场推广应用相对稳定，而小品种的更替较快（表1-15）。

表1-15　2015—2017年全国水稻品种平均推广应用时间

水稻品种	2017年品种	2017年品种	2016年品种	2015年品种
推广面积10万亩以上	平均审定年	2010	2009	2008
	平均推广时间	7年	7年	7年
推广面积100万亩以上	平均审定年	2010	2010	2009
	平均推广时间	7年	6年	6年
主导品种	平均审定年	2010	2009	2008
	平均推广时间	7年	7年	7年

（三）商业化育种成效显著

商业化育种育成品种增加，市场占有率逐年提高。2017年推广面积在500万亩以上的商业化育种品种有1个（绥粳18），推广面积达996.01万亩，占黑龙江省水稻推广面积的比重从2016年的10.51%提高到2017年的16.11%，增幅达53.28%。推广面积为100万～500万亩的品种有10个，同比增加11.11%，推广面积达2 010.92万亩，占全国推广面积的4.80%，推广面积占总面积的比重较2016年提高63.80%。推广面积在100万亩以下的商业化育成品种种植面积达3 006.93万亩，占全国水稻总推广面积的7.18%，比重较2016年上升62.44%，商业化育种成果开始显现（表1-16、表1-17）。

表1-16　2017年全国推广面积在100万亩以上商业化育种品种

品种名称	推广面积（万亩）	第一育种单位	审定年份
绥粳18	996.01	黑龙江省龙科种业集团有限公司	2014
C两优华占	374.64	湖南金色农华种业科技有限公司	2013
隆两优华占	284.83	袁隆平农业高科技股份有限公司	2015
绥粳15	256.50	黑龙江省龙科种业集团有限公司	2014
丰两优香一号	178.91	合肥丰乐种业股份有限公司	2006
Y两优900	175.30	创世纪种业有限公司	2015
晶两优华占	168.59	袁隆平农业高科技股份有限公司	2015
泰优390	166.70	湖南金稻种业有限公司	2013
华粳5号	155.55	江苏大华种业有限公司	2005
五优稻4号	134.40	五常市利元种子有限公司	2009
欣荣优华占	115.50	北京金色农华种业科技有限公司	2013
推广面积合计	3 006.93	平均推广时间	5年

表1-17 2016年全国推广面积在100万亩以上商业化育种品种

品种名称	推广面积（万亩）	第一育种单位	审定年份
绥粳18	641.93	黑龙江省龙科种业集团有限公司	2014
C两优华占	232.06	湖南金色农华种业科技有限公司	2013
绥粳15	183.29	黑龙江省龙科种业集团有限公司	2014
和两优1号	141.46	广西壮族自治区恒茂农业科技有限公司	2014
华粳5号	126.47	江苏大华种业	2005
欣荣优华占	120.60	北京金色农华种业科技有限公司	2013
泰优390	110.70	湖南金稻种业有限公司	2013
五优华占	106.00	北京金色农华种业科技有限公司江西分公司	2013
镇稻18	105.14	江苏丰源种业有限公司	2013
皖垦糯1号	101.90	安徽皖垦种业有限公司农科院大圹圩水稻研究所	2010
推广面积合计	1 869.57	平均推广时间	4年

（四）种业供给侧改革效果明显

2017年各省主导水稻优质品种、绿色品种的数量和推广面积以及占各省主导品种推广面积的比重均显著增加，种业供给侧改革成效显著。2017年各省（市、自治区）早籼、中籼、晚籼、粳稻年推广面积前列品种统计结果表明[①]，推广水稻优质品种313个，推广面积16 654.69万亩，占主导品种推广面积65.64%，优质品种推广面积较2016年增加1.83%，优质品种推广面积占全国推广面积的比重较2016年增加7.36%，优质品种推广面积呈上升趋势。主导要推广绿色品种142个，推广面积8 895.58万亩，品种数量较2016年增加33.96%；推广面积在100万亩以上的主导绿色品种推广面积占总面积比重较2016年增加28.27%，较2015年增加24.10%，整体推广情况和大品种推广情况均表明绿色水稻品种比重提升趋势明显。

---

① 通过各省主导品种汇总中优质品种、绿色品种、特殊品种的数量、面积及其所占比例反映；具体数字篇幅较长，文中未列出。

第二章
当前我国各稻区推广的主要品种类型及表现

一、长江中下游双单季稻区

长江中下游双单季稻区产量占全国稻谷总产的30%，是我国水稻主产区。随着种植制度的改革以及栽培方式的改变，长江中下游地区近几年水稻稻瘟病、条纹叶枯病、黑条矮缩病等病害发生与为害呈加重趋势。生产中应针对性做好生育前期病虫害防控工作。

2017年以长江中下游双单季稻区为主，推广面积100万亩以上的有23个，以中嘉早17、黄华占等为代表的常规稻品种有9个（8个籼型常规水稻，1个粳型常规水稻），以C两优华占、隆两优华占、五优308等为代表的杂交稻品种有14个（7个籼型两系杂交水稻品种，6个籼型三系杂交水稻品种，1个粳型三系杂交水稻品种）；其中优质品种16个；绿色品种12个；商业化育种品种7个；2017年合计推广5 402.34万亩。主导品种的具体情况及提示见表2-1。

二、长江上游单季稻区

长江上游单季稻区是我国重要的单季稻主产区。上游地区部分地区海拔较高，寡日高湿，水稻稻瘟病、白叶枯病以及飞虱等病虫害作为该地区主要为害，生产中应针对性做好病虫害防控工作。

2017年以长江上游单季稻区为主，推广面积50万亩以上的品种有8个，均为优质品种，其中楚粳28号为粳型常规水稻，生产中表现为抗性品种，宜香优2115、川优6203、F优498等籼型三系杂交水稻品种7个；2017年合计推广面积915.27万亩。主导品种的具体情况及提示见表2-2。

三、华南双季稻区

华南双季稻区约占全国稻田面积的17%，稻谷产量约占全国稻谷总产的16%，均居全国第二位。该区属热带和南亚热带湿润季风气候，高温多湿，生产中需针对早稻播种和开花期间的低温阴雨，晚稻出穗、灌浆期的"寒露风"，春、秋干旱，夏季台风暴雨以及交替出现的病虫危害等情况，做出预防措施。

2017年以华南双季稻区为主，推广面积50万亩以上的12个主推品种均为绿色品种，五山丝苗、美香占2号等籼型常规水稻有3个，中浙优8号、广8优165、和两优1号等杂交稻品种9个（其中3个籼型两系杂交水稻品种，6个籼型三系杂交水稻品种）；优质品种7个；商业化育种品种2个；2017年合计推广面积956.61万亩。主导品种的具体情况及提示见表2-3。

四、华北单季稻区

华北单季稻区稻田面积约占中国稻田面积的8%，稻谷产量约占中国稻谷总产量的8%。本区属暖温带半湿润季风气候，春季温度回升缓慢，秋季气温下降较快。生产中除做好播期调控外，还需做好水肥管理。

2017年以华北单季稻区为主推广面积50万亩以上的11个主推品种，均为粳型常规水稻（1个粳型常规糯稻）；其中南粳9108、南粳5055等优质品种10个；苏秀867、金粳818两个品种在生产中表现抗性较快；商业化育成品种华粳5号1个；2017年合计推广面积1 945.96万亩。主导品种的具体情况及提示见表2-4。

五、东北单季稻区

东北单季稻区单产较高，米质优良，是商品优质米产区之一，稻田面积约占全国稻田面积的2.5%，稻谷产量约占全国稻谷总产的3.0%。种植品种为早熟早粳稻，南部为中、迟熟类型；北部为特早熟类型。低温冷害、秋涝春旱和稻瘟病等自然灾害是该地区稻作生产的主要防控内容。

2017年以东北单季稻区为主，推广面积50万亩以上的16个主推品种，均为粳型常规优质品种；以绥粳18、绥粳19等为代表的品种兼顾优质绿色的品种7个；绥粳15、五优稻4号等4个品种为商业化育成品种；2017年合计推广面积4 649.51万亩。主导品种的具体情况及提示见表2-5。

表2-1　长江中下游双单季稻区

序号	品种名称	选育单位	主要优缺点及综合评价	推广面积变化	种植建议及风险提示
1	中嘉早17	水稻研究所	株高适中，茎秆粗壮，产量高，较抗倒伏，高感稻瘟病，感白叶枯病，感褐飞虱，米质一般	2016年推广面积986.0万亩，2017年推广面积858.30万亩，同比减少12.95%	该品种全生育期适宜双季稻区作早稻。适用于轻简化栽培。成熟收获前4～6天断水。注意防治恶苗病、稻瘟病、纹枯病等病虫害，防止倒伏。
2	黄华占	广东省农业科学院水稻研究所	植株较矮，株型适中，剑叶挺直，分蘖力强，有效穗多，结实率高，适应广，产量高，米质较优，但抗稻瘟病能力较差	2016年推广面积658.96万亩，2017年推广面积632.20万亩，同比减少4.06%	生产上作中稻种植时应注意适当推迟播期，避免抽穗期遇到极端高温，湖北作一季晚稻播种播期最迟在5月25至6月5日。同时加强稻瘟病、白叶枯病防治
3	中早39	水稻研究所	熟期适中，产量高，中感稻瘟病，感白叶枯病，高感褐飞虱，白背飞虱，米质一般	2016年推广面积186.00万亩，2017年推广面积376.00万亩，同比增长102.15%	该品种全生育期适宜双季稻区作早稻。适用于轻简化栽培。易感恶苗病，综合防治恶苗病、纹枯病、稻瘟病等病虫害
4	C两优华占	湖南金色农华种业科技股份有限公司	植株较矮，株型适中，剑叶挺直，分蘖力强，穗大粒多，结实率高，产量高，但稻米品质一般	2016年推广面积232.06万亩，2017年推广面积374.64万亩，同比增长61.44%	生产上作中稻种植时适当推迟播种，避免抽穗期遇到极端高温，后期注意重点纹枯病的防治，同时加强稻瘟病、白叶枯病防治
5	隆两优华占	袁隆平农业高科技股份有限公司，中国水稻研究所	株型适中，剑叶挺直，分蘖力强，有效穗多，穗粒数多，结实率高，产量高，适应广，米质较优，长江流域中感稻瘟病	2016年推广面积93.3万亩，2017年推广面积284.83万亩，同比增长205.28%	该品种穗粒结构协调性较好，产量高，适应广，米质较优。稻瘟病重发区注意加强稻瘟病，同时注意白叶枯病的防治
6	两优688	福建省南平市农业科学研究所	该品种熟期适中，产量较高，但米质一般，稻瘟病抗性一般，抽穗时耐热性弱	2016年推广面积166.85万亩，2017年推广面积265.60万亩，同比增长59.18%	生产上作中稻种植时适当推迟播种，避免抽穗期遇到极端高温施肥，大田施肥应适当增施磷钾肥，成熟期不要断水过早，同时注意稻瘟病和白叶枯病的防治
7	深两优5814	国家杂交水稻工程技术研究中心清华深圳龙岗研究所	该品种株型适中，熟期适中，米质品质优，稻瘟病抗性较好，但茎秆较细，田间抗倒能力一般	2016年推广面积265.81万亩，2017年推广面积277.41万亩，同比增长4.36%	长江中下游种植；生产上大田适当偏施磷钾肥，后期做到健苗栽培，增强抗倒伏能力

（续表）

序号	品种名称	选育单位	主要优缺点及综合评价	推广面积变化	种植建议及风险提示
8	五优308	广东省农业科学院水稻研究所	熟期适中、产量高、高感稻瘟病，中感褐飞虱，米质优。感白叶枯病，抗倒伏能力较强	2016年推广面积257.00万亩，2017年推广面积202.09万亩，同比减少21.37%	全生育期适宜双季稻区作晚稻。种植年份较久、抗性有所下降，重点防治稻瘟病等病虫害
9	天优华占	中国农业科学院水稻研究所、中国科学院遗传与发育生物学研究所、广东省农业科学院水稻研究所	熟期适中、产量高、中感稻瘟病，感白叶枯病和褐飞虱，米质优	2016年推广面积323.0万亩，2017年推广面积195.78万亩，同比减少39.37%	全生育期可在适宜区域内连作中、晚稻。种植年份较久，抗性有所下降，病害种虫害。在平原、湖区种植要注意防止倒伏
10	湘早籼45号	湖南省益阳市农业科学研究所	米质优、产量相对较高、抗稻瘟病差	2016年推广面积300.30万亩，2017年推广面积184.40万亩，同比下降38.59%	注意稻瘟病的防治
11	Y两优900	创世纪种业有限公司	丰产性好，稻瘟病、白叶枯抗性较差	2016年推广面积97.10万亩，2017年推广面积175.30万亩，同比增长80.54%	特别注意防治稻瘟病，及时防治稻螟虫、稻飞虱、纵卷叶螟，稻曲病等病虫害
12	晶两优华占	袁隆平农业高科技股份有限公司、中国水稻研究所、湖南亚华种业科学研究院	株型适中，剑叶挺直、分蘖力强、有效穗数多、穗粒数多，结实率高，丰产性好，适应广，米质优，抗稻瘟病，感白叶枯病，感稻飞虱	2017年推广168.59万亩	加强防治稻曲病，注意及时防治纹枯病、稻瘟病、黑条矮缩病、稻螟虫、褐飞虱等病虫害
13	泰优390	湖南金稻种业有限公司（现已更名为湖南粤种业有限公司）、广东省农业科学院水稻研究所	生育期适中、米质优、产量较高、耐低温能力中等	2016年推广面积119.00万亩，2017年推广面积166.70万亩，同比增长40.08%	全生育期适合在双季稻区作晚稻。后期不可断水过早，注意防止倒伏和高低温危害，综合防治稻瘟病等病虫害
14	Y两优1号	湖南杂交水稻研究中心	该品种株型适中、产量较高、熟期适中、米质品质优中，但稻瘟病抗性一般	2016年推广面积237.66万亩，2017年推广面积155.00万亩，同比下降34.78%	生产上注意做到大田适当偏施磷钾肥，增强抗倒伏能力，同时注意稻瘟病和白叶枯病的防治

序号	品种名称	选育单位	主要优缺点及综合评价	推广面积变化	种植建议及风险提示
15	丰两优香1号	合肥丰乐种业股份有限公司	该品种熟期较早，产量高，后期转色较好，米质外观品质较优，抗性一般	2016年推广面积91.80万亩，2017年推广面积148.91万亩，同比增长62.21%	长江中下游地区作中稻种植；生产上注意稻瘟病和白叶枯病的防治
16	泰优398	广东省农业科学院水稻研究所，江西现代种业有限责任公司	生育期较早，产量较高，米质优，高感稻瘟病	2016年推广面积116.00万亩，2017年推广面积133.20万亩，同比增长14.83%	适合在双季稻区作晚稻。可直播、机插，有两段灌浆现象，后期不可断水过早，要防止倒伏，综合防治稻瘟病等病虫害
17	湘早籼42号	湖南省水稻研究所，湖南金健米业股份有限公司	株型适中，分蘖力强，后期落色好，抗倒性好，抗稻瘟病，白叶枯能力弱，产量低	2016年推广面积118.70万亩，2017年推广面积126.70万亩，同比增长6.73%	在苗期、分蘖盛期和抽穗破口期必须加强对稻瘟病的预防措施，同时注意防治纹枯病和白叶枯病
18	甬优9号	宁波市农业科学研究院，宁波市种子有限公司	产量高，米质优，熟期较迟，感稻瘟病，中感白叶枯病，高感褐飞虱	2017年推广122.81万亩	注意及时防治稻瘟病、白叶枯病、细条病、稻飞虱、螟虫、稻曲病等病虫害
19	湘早籼32号	湖南省水稻研究所	产量较低，易感稻瘟病和白叶枯病	2016年推广面积119.00万亩，2017年推广面积118.90万亩，面积变化不明显	注意加强稻瘟病和白叶枯病的防治
20	欣荣优华占	北京金色农华种业科技有限公司	生育期适中，产量较高，米质一般，中感稻瘟病，感白叶枯病，高感褐飞虱；抽穗期耐热性较差	2016年推广面积143.00万亩，2017年推广面积115.50万亩，同比减少19.24%	适合在长江中下游作一季中稻，在江西可作晚稻。后期不可断水过早。生产上要注意综合防治稻瘟病、纹枯病，褐飞虱等病虫害
21	秀水134	嘉兴市农业科学研究院，中国科学院遗传与发育生物学研究所，浙江嘉兴农作物高新技术育种中心	生育期适中，丰产性较好，米质优，抗稻瘟病，中抗白叶枯病，高感稻飞虱	2017年推广面积为115.40万亩	生育中后期分别重点防治纵卷叶螟、稻飞虱、螟虫、纹枯病、稻曲病和穗部稻蓟、蚜虫
22	玉针香	湖南省水稻研究所，湖南金健米业股份有限公司	米质优，耐寒能力强，产量一般，高感稻瘟病，感白叶枯病	2016年推广面积112.90万亩，2017年推广面积103.80万亩，同比下降8.06%	在苗期、分蘖盛期和抽穗破口期必须加强对稻瘟病的防治，同时注意防治纹枯病、白叶枯病等病虫害
23	嘉58	嘉兴市农业科学研究院	生育期适，产量高，高抗稻瘟病，中抗白叶枯病，但高感褐飞虱	2017年推广面积为102.90万亩	须加强对褐飞虱的防治

表2-2 长江上游单季稻区

序号	品种名称	选育单位	主要优缺点及综合评价	推广面积变化	种植建议及风险提示
1	宜香优2115	四川农业大学	该品种分蘖力较强、有效穗多、穗粒数多，米质较优，适应性广，但对稻瘟病和褐飞虱能力差	累计推广面积799.4万亩，其中2015—2017年推广面积依次为163万亩、185万亩、242.40万亩	该品种米质优，食口性较好、适应性广，但对稻瘟病比较敏感，稻瘟病重发区不宜种植
2	川优6203	四川省农业科学院作物研究所	该品种米质好，米粒较长、长宽比达3.5以上，商品外观好，需要选择大型设备加工。株高略偏高，耐肥能力，抗倒性偏弱，抗稻瘟病和褐飞虱能力差	累计推广面积724.2万亩，其中2015—2017年推广面积依次为216万亩、183万亩、217.20万亩	耐肥能力较弱，亩施10～12kg纯氮，耐高温，株高偏高，抗倒性偏弱，在湖南湖北地区肥力较高的湖区田块种植要慎重
3	楚粳28号	云南楚雄彝族自治州农科所	品质达到国家《优质稻谷》一级，抗稻瘟病较强，但较易落粒	累计推广面积725.6万亩，其中2015—2017年推广面积依次为113万亩、122万亩、140.60万亩	该品种品质优，适合高海拔山区；由于该品种推广时间较长，近年抗稻瘟病能力有所下降
4	F优498	四川农业大学	该品种株型较紧凑、有效穗多，但粒数多、产量高，品质较优，耐热性，抗稻瘟病和褐飞虱能力差	累计推广面积483.3万亩，其中2015—2017年推广面积依次为116万亩、111万亩、90.30万亩	在贵州、四川区域高感稻瘟病。稻瘟病重发区不宜种植
5	德优4727	四川农业科学院水稻高粱研究所	四川省第五届香杯特等奖品种，株型适中，有效穗多、穗粒数多、大穗型、米质优，但抗稻瘟病和褐飞虱能力差	累计推广面积217.60万亩，其中2014—2017年推广面积依次为12万亩、45万亩、96万亩、64.60万亩	可在冬闲田开展中稻—再生稻应用。在稻瘟病重发区不宜种植，在长江上游稻瘟病生产氮肥施用量不宜超过10个纯氮
6	旌优127	四川省农业科学院水稻高粱研究所	株型适中、剑叶挺直、分蘖力强，有效穗多、穗粒数多、结实率高，产量高、米质优，但抗稻瘟病能力差	累计推广面积167.50万亩，其中2014—2017年推广面积依次为23万亩、36万亩、54万亩、54.50万亩	该品种适宜直播生产和稻渔种养。但该品种对稻瘟病比较敏感，稻瘟病重发区不宜种植。该品种不大耐肥，氮肥施用量在四川种植，氮肥施用量不宜超过10个纯氮

（续表）

序号	品种名称	选育单位	主要优缺点及综合评价	推广面积变化	种植建议及风险提示
7	宜香725	四川省绵阳市农业科学研究所	该品种株型较紧凑，有效穗多，穗粒数多，穗层整齐，成熟期转色好，适应性广，产量高，米质较优，但抗稻瘟病和白叶枯病能力差	累计推广面积836.8万亩，其中2015—2017年推广面积分别为50万亩、64万亩、53.80万亩	该品种品质较优，抗稻瘟病能力差，稻瘟病常发区慎用
8	德香4103	四川农业科学院水稻高粱研究所	该品种是超级稻品种，国家和四川省主导品种，是湖南省重金属镉低吸附品种，有效穗多，穗粒数多，产量高，熟期落黄好，但抗稻瘟病和白叶枯病能力较强，结实率高，耐寒性较强，但抗稻瘟病和白叶枯病能力差	累计推广面积581.8万亩，其中2015—2017年推广面积分别为77万亩、79万亩、51.80万亩	在稻瘟病重发区不宜种植，重庆的长寿、荣昌慎用；在白叶枯病发生的地区慎用。在长江上游种植生产氮肥施用量不宜超过10个纯氮，在长江中下游种植，氮肥施用量不宜超过8个纯氮，稻瘟病重发区不宜种植纯氮

表2-3　华南双季稻区

序号	品种名称	选育单位	主要优缺点及综合评价	推广面积变化	种植建议及风险提示
1	中浙优8号	水稻研究所，浙江勿忘农种业集团有限公司	该品种穗大粒多，生长清秀，后期熟相较好，丰产性较好，米质较优。缺点是感稻瘟病	该品种2016年推广面积81万亩，2017年在种植面积163.45万亩，同比增长104.31%	栽培上要注意防治稻瘟病等病虫害
2	五山丝苗	广东省农业科学院水稻研究所	成穗率高，熟色好，抗倒力中强，耐寒性中，是优质抗病优良品种，高感纹枯病	2016年推广面积70.06万亩，2017年推广面积105.32万亩，同比增长50.32%	注意纹枯病的防治
3	广8优165	广东省农业科学院水稻研究所、广东省金稻种业有限公司	分蘖力中强，穗大粒多，抗倒力强，耐寒性中，适合机械化收割	2016年推广面积30.79万亩，2017年推广面积84.88万亩，同比增长175.67%	注意防治稻瘟病和白叶枯病

（续表）

序号	品种名称	选育单位	主要优缺点及综合评价	推广面积变化	种植建议及风险提示
4	美香占2号	广东省农业科学院水稻研究所	该品种是广东典型的优质品种，米质优、有香味，谷粒较小，是高端配方米的主要品种。缺点是产量较低，后期耐寒力中弱、中感稻瘟病和白叶枯病	2016年推广面积92.66万亩，2017年推广面积为83.2万亩，同比下降10.21%	建议稻瘟病重发区不宜种植，粤北稻作区根据生育期慎重选择使用，栽培上要注意防治稻瘟病和白叶枯病
5	和两优1号	广西恒茂农业科技有限公司	株叶形态理想、有效穗多、高产稳产，米质优、较耐肥，抗倒性性强，适宜机械化操作；生育期偏长，感稻瘟病	近年种植面积较稳定，2016年推广面积74.00万亩，2017年78.00万亩，同比增长5.40%	长江中下游区域麦后稻应当提早播种，早播早插；华南稻区晚稻必须在7月15日前播种，并加强稻瘟病防治。稻瘟病重发区不宜种植
6	中浙优10号	水稻研究所；浙江省勿忘农种业股份有限公司	优点是分蘖力较强，穗大粒多、结实率高，后期转色好。茎秆粗壮，抗倒性较好，适合机械化收割，稻米品质较优；缺点是感稻瘟病，高感白叶枯病	2016年推广面积25.26万亩，2017年推广面积为70.39万亩，同比增加178.66%	建议稻瘟病重发区不宜种植，华南稻区种该品种应注意防治稻瘟病等病虫害的防治
7	野香优9号	广东粤良种业有限公司	该品种米质为国家《优质稻谷》标准二级，品质优，食味好，中感—高感白叶枯病	华南适宜种植区域面积稳定，2016年推广面积52万亩，2017年68.00万亩，同比增长30.77%	该品种抗倒性一般，栽培上注意露晒田，增强植株抗倒性，注意加强稻瘟病、白叶枯病防治
8	H两优991	广西兆和种业有限公司	该品种穗数结构协调性较好，生育期适宜桂中，桂北早晚双季稻兼用、生育期适中，高产稳产；减数分裂期对温湿度敏感，耐寒性差	2016年推广面积70.00万亩，2017年在种植面积67.00万亩，同比下降4.29%	该品种耐寒性较差，桂中北作晚稻种植要严格控制插播，插秧季节，注意遇免寒露风影响，同时加强稻瘟病、白叶枯病防治
9	五丰优615	广东省农业科学院水稻研究所	穗大粒多，穗粒均匀，后期熟色好、抗倒力，耐寒性均中强，适合机械化收割，2014年被农业部确认为超级稻品种。缺点是米质未达优质标准，感白叶枯病	该品种在广东的推广面积2016年为78.10万亩，2017年为63.60万亩	注意防治稻瘟病和白叶枯病

（续表）

序号	品种名称	选育单位	主要优缺点及综合评价	推广面积变化	种植建议及风险提示
10	深两优8386	广西兆和种业有限公司	优点是株叶形态理想，穗大高产，抗倒性好，适宜机械化操作；缺点生育期偏长，米质未达优质标准	该品种2016年推广面积24.50万亩，2017年在种植面积62.00万亩，同比增长153.06%	适宜高产栽培和机械化操作；但生育期偏长，栽培上早稻应防寒育秧，适当早播早插。华南稻区晚稻必须在7月15日前播种，并加强稻瘟病防治
11	深优9516	清华大学深圳研究生院	植株较高，株型中集，分蘖力中强，结实率高，抗倒力强，耐寒性中。适合机械化收割	2016年推广面积105.25万亩，2017年推广面积为60.75万亩，同比下降42.28%	栽培上要注意防治白叶枯病
12	华航31号	华南农业大学国家植物航天育种研究中心	该品种抗倒力较强，耐寒性强，后期熟色好，适宜机械化操作，2015年被农业部认定为超级稻品种	在广东2016年推广面积70.19万亩，2017年56.00万亩，同比下降20.07%，是目前广东中高档优质大米加工的主要配方品种之一	栽培上注意防治白叶枯病

表2-4　华北单季稻区

序号	品种名称	选育单位	主要优缺点及综合评价	推广面积变化	种植建议及风险提示
1	南粳9108	江苏省农业科学院粮食作物研究所	生育期适中，高产稳产，米质优，抗条纹叶枯病，感穗颈瘟，中感白叶枯病，高感纹枯病	2016年推广面积407.06万亩，2017年在种植面积529.60万亩，同比增加130.10%	感穗颈瘟，中感白叶枯病，高感纹枯病，需加强病害防治
2	南粳5055	江苏省农业科学院粮食作物研究所	株型紧凑，抗倒性强，生育期适中，高产稳产，米质优，白叶枯病，纹枯病，条纹叶枯病抗性差	2016年推广面积157.67万亩，2017年在种植面积221.36万亩，同比增加40.39%	播前用药剂浸种预防恶苗病和干尖线虫病等种传病害，秧田期和大田期注意灰飞虱、稻蓟马等的防治，中、后期要综合防治纹枯病、螟虫、稻纵卷叶螟、稻飞虱等，注意穗颈稻瘟、白叶枯病的防治

（续表）

序号	品种名称	选育单位	主要优缺点及综合评价	推广面积变化	种植建议及风险提示
3	淮稻5号	江苏徐淮地区淮阴农业科学研究所	该品种丰产性好，稻瘟病抗性下降，适口性一般	2016年推广面积401.02万亩，2017年在种植面积387.49万亩，同比下降3.49%	推广时间长，稻瘟病抗性下降
4	苏秀867	浙江省嘉兴市农业科学研究院，江苏省连云港市苏乐种业科技有限公司	该品种育期适中，高产稳产，米质优，中抗稻瘟，抗条纹叶枯病	2016年推广面积98.35万亩，2017年在种植面积177.05万亩，同比增加80.02%	及时防治纹枯病，稻曲病，飞虱，螟虫等病虫害
5	华粳5号	江苏省大华种业集团有限公司	高产稳产，米质优，抗倒伏，稻瘟病抗性弱	2016年推广面积126.49万亩，2017年在种植面积155.55万亩，同比增加22.97%	推广时间较长，中后期需防好稻瘟病，纹枯病，螟虫
6	连粳11号	连云港市黄淮农作物育种研究所	高产稳产，米质优，抗条纹叶枯病，稻瘟病，白叶枯病，纹枯病抗性差	2016年推广面积101.42万亩，2017年在种植面积110.18万亩，同比增加8.64%	中感穗颈瘟，感白叶枯病，高感纹枯病，需加强病害防治
7	宁粳7号	南京农业大学农学院	抗倒性好，后期灌浆快，穗型较大，高产稳产，米质优，稻瘟病，白叶枯病，纹枯病抗性差	2016年推广面积59.90万亩，2017年在种植面积108.33万亩，同比增加80.85%	中感穗颈瘟，感白叶枯病，感纹枯病需加强病害防治
8	连粳7号	江苏徐淮地区连云港农业科学研究所	抗倒性好，后期灌浆快，穗型较大，高产稳产，米质优，稻瘟病，白叶枯病，纹枯病抗性差	2016年推广面积154.57万亩，2017年在种植面积77.98万亩，同比下降49.55%	秧田期和大田期注意灰飞虱，稻蓟马等的防治，中、后期要综合防治纹枯病，螟虫，稻飞虱等，特别要注意穗颈稻瘟的防治
9	徐稻9号	江苏徐淮地区徐州农业科学研究所	该品种高产稳产，米质优，中抗条纹叶枯病，稻瘟病抗性差	2017年在种植面积69.63万亩	注意及时防治螟虫，稻瘟病等病虫害
10	武运粳21号	常州市武进区农业科学研究所	该品种米质优，白叶枯，稻瘟病，纹枯病等病虫害差	2010年在种植面积为124万亩，2017年在种植面积58.52万亩	注意及时防治稻瘟病，白叶枯病，纹枯病等病虫害
11	金粳818	天津市水稻研究所	该品种产量高，米质优，中抗稻瘟病，抗条纹叶枯病	2016年推广面积为19.65万亩，2017年在种植面积58.52万亩，同比增加197.81%	注意及时防治稻瘟病，白叶枯病，纹枯病等病虫害

表2-5　东北单季稻区

序号	品种名称	选育单位	主要优缺点及综合评价	推广面积变化	种植建议及风险提示
1	绥粳18	黑龙江省龙科种业集团有限公司	米质优，抗稻瘟病，有香味，稳产性好	2015年推广面积339.6万亩，2016年推广面积641.90万亩，2017年推广面积993.30万亩	旱育插秧栽培，浅湿干。预防青枯病，立枯病，稻瘟病，预防潜叶蝇，二化螟
2	龙粳31	黑龙江省农业科学院佳木斯水稻研究所，黑龙江省龙粳高科有限责任公司	丰产性好，米质优	2015年推广面积1 404.3万亩，2016年推广面积1 427.50万亩，2017年推广面积944.80万亩	注意氮、磷、钾配合施用，及时预防和轻剂控病、虫、草害的发生
3	龙粳46	黑龙江省农业科学院佳木斯水稻研究所、黑龙稻种业有限公司、黑龙江省龙科种业集团有限公司	丰产性好，米质优，稻瘟病抗性较差	2015年推广面积2.0万亩，2016年推广面积177.50万亩，2017年推广面积856.30万亩	
4	绥粳15	黑龙江省龙科种业集团有限公司	丰产性好，抗稻瘟病，有香味，米质优	2015年推广面积160.60万亩，2016年推广面积183.30万亩，2017年推广面积256.50万亩	旱育插秧栽培，浅湿干交替灌溉。预防青枯病，立枯病，纹枯病，稻瘟病，预防潜叶蝇，负泥虫，二化螟
5	龙粳43	黑龙江省农业科学院佳木斯水稻研究所、黑龙江省龙科种业集团有限公司	丰产性好，米质优，抗性较差	2015年推广面积398.60万亩，2016年推广面积371.90万亩，2017年推广面积206.50万亩	严格进行种子浸种消毒，注意预防恶苗病，稻瘟病，7月初防治叶温，在孕穗末期至齐穗期进行穗颈温防控。注意防治潜叶蝇和负泥虫
6	绥粳19	黑龙江省农业科学院绥化分院，黑龙江省龙科种业集团有限公司	丰产性好，抗稻瘟病，米质优	2015年推广面积1.00万亩，2016年推广面积173.70万亩，2017年推广面积194.30万亩	旱育稀植，浅湿交替灌溉，预防恶苗病和稻瘟病，预防水稻潜叶蝇和水稻二化螟
7	盐丰47	辽宁省盐碱地利用研究所	该品种熟期适中，产量高，米质优，中感稻瘟病	2015年推广面积178.08万亩，2016年推广面积189.56万亩，同比增加6.45%	注意稻水象甲和二化螟的防治，病害以防治稻瘟病为主，个别地区注意防治条纹叶枯病和纹枯病
8	龙庆稻3号	庆安县北方绿洲稻作研究所	丰产性好，抗稻瘟病，米质优，有香味	2015年推广面积220.80万亩，2016年推广面积114.00万亩，2017年推广面积168.20万亩	培育壮秧，合理密植，每穴4～6株，适度增施钾肥

（续表）

序号	品种名称	选育单位	主要优缺点及综合评价	推广面积变化	种植建议及风险提示
9	龙粳39	黑龙江省农业科学院佳木斯水稻研究所，黑龙江省龙粳高科有限责任公司，黑龙江省龙科种业集团有限公司	丰产性好，中抗稻瘟病，米质优	2015年推广面积310.5万亩，2016年推广面积351.90万亩，2017年推广面积167.30万亩	花达水插秧，分蘖期浅水灌溉，分蘖末期晒田，后期湿润灌溉，成熟后及时收获
10	五优稻4号	五常市利元种子有限公司	丰产性好，中抗叶瘟病，抗穗颈瘟，米质优，有香味，但熟期避晚，抗冷性不强，感穗瘟	2015年推广面积80.30万亩，2016年推广面积89.60万亩，2017年推广面积101.40万亩	该品种熟期避晚，抗冷性不强，生产上应减少氮肥，抢前抓早，早育苗，育壮苗，增施磷钾肥，注意防止在孕穗期诱发生障碍性冷害，注意防止稻瘟病和二化螟
11	龙粳29	黑龙江省农业科学院水稻研究所，黑龙江省龙粳高科有限责任公司	丰产性好，米质优，但稻瘟病抗性弱，抗冷期不强	2015年推广面积211.60万亩，2016年推广面积143.30万亩，2017年推广面积116.40万亩	注意氮，磷，钾肥配合施用，及时预防，控制病虫草害的发生
12	龙稻21	黑龙江省农业科学院耕作栽培研究所	丰产性好，米质优，但稻瘟病抗性弱	2016年推广面积74.30万亩，2017年推广面积110.90万亩	预防稻瘟病。预防潜叶蝇，二化螟
13	龙稻18	黑龙江省农业科学院耕作栽培研究所	丰产性好，米质优，抗稻瘟病，耐冷能力较强	2015年推广面积16.40万亩，2016年推广面积76.90万亩，2017年推广面积95.30万亩	成熟后及时收获。预防二化螟，潜叶蝇
14	龙粳52	佳木斯龙粳种业有限公司，黑龙江省农业科学院佳木斯水稻研究所	丰产性好，米质优，抗稻瘟病能力差	2017年推广面积79.80万亩	成熟后及时收获，预防稻瘟病
15	白粳1号	白城市农业科学院	米质外观好，耐盐碱性强，稻瘟病抗性已基本丧失	2015年推广面积30.90万亩，2016年推广面积40.50万亩，2017年推广面积65.30万亩	
16	吉粳88	吉林省农业科学院	株型优良，耐肥抗倒伏，产量高，适应性广，米质优（整精米率高），吉林省上粒珍珠米的典型代表，肥水需求量高，恶苗病和稻瘟病抗性弱	2012年达到年推广面积400万亩左右，2015年推广面积下降到83.10万亩，2016年下降到63.30万亩。2017年下降到50.40万亩	

第三章
全国水稻种业发展趋势展望

一、绿色化优质化发展迅速

随着居民生活水平日益提高，消费者对质量、营养、绿色、安全等方面的需求提升。水稻作为我国的主粮之首，人们对食用稻米的外观和食味品质要求越来越高。此外，随着绿色生态农业的不断推进，水稻绿色生态高效生产模式愈发受到社会的广泛关注。从2017年水稻品种推广情况看，142个绿色主导品种推广面积8 895.58万亩，占主导品种的比重较2016年增加了26.12%，较2015年增加了27.31%；313个优质主导品种推广面积16 654.69万亩，占主导品种的比重较2016年增加1.83%，较2015年增加7.36%，主导品种中绿色优质水稻品种比重加大。在保证总量供给的前提下，大力培育肥水高效利用、抗性品质双优的资源节约型、环境友好型品种，是水稻品种选育的主要方向。

二、规模化集约化趋势明显

当前种植成本居高不下、劳动力短缺、效益低下是我国农业发展的短板。发展适度规模经营，健全农业生产社会化服务体系，扶持带动小农户发展，加快农业转型升级是现代农业发展的必由之路。近年来，水稻规模化、企业化种植趋势明显，2017年安徽省耕地流转面积2 921.90万亩，流转率近50%，家庭农场达7.7万个，农民合作社8.9万个，农业生产性服务组织超过3万个。新型农业经营主体的快速发展，保证了农民收益稳定性，降低了种植风险。集约化经营和机械化操作的快速发展，减少了农资和人力成本，有效提高了生产效率。为适应规模化、机械化的快速发展，培育稳产性好、适应性广的品种越发迫切。

三、轻简化机械化势头强劲

随着城乡一体化进程，出现了劳动力转移和成本上升问题，近年劳动力紧张、用工成本高、务农人口老龄化等问题愈发突出。另外，农业规模经营下的新型经营主体对轻简化、机械化需求强烈，适宜轻简化机械化种植的粳稻面积逐渐上升。对比2016年和2017年水稻推广应用情况，籼稻和粳稻的推广面积、占总面积的比重均表明"粳进籼退"趋势；对比早稻、中稻、晚稻推广面积及占总面积的比重，双季稻改单季稻趋势明显。在水稻种植面积减少的背景下，为保证水稻安全稳产，顺应结构调整，对品种的生育期、单产和相关性状提出了新需求，培育生育期适宜、抗倒性强等适宜机械化轻简化栽培的品种越发重要。

四、差异化多元化需求增加

我国水稻种植区域分布广阔，饮食结构多样，需求差异化明显，市场消费多样化、个性化发展迅速，促使品种结构需求向多元化、差异化、区域化、专用性转型。从品种消费端来看，粮食产业化要求有适销对路的品种，品种选育审定应符合市场需求，应创制长短粒型、籼粳不同、黏糯差异、用途多样的育种材料。从品种种植环节来看，随着社会经济发展、国家宏观政策调整和种植比较效益下降，耕作制度呈多元化发展趋势，特定需求形成的麦茬稻、瓜后稻、补种稻、特色米订单稻，稻虾、稻鱼、稻蛙、稻鳖等混养专用稻，重金属低吸收稻、米粉加工专用稻、观赏彩色稻等多用途稻，这些特殊类型品种需求逐年攀升。加快培育特定用途品种，是适应多元化市场需求的新要求。

五、品牌化效益化形成共识

随着我国水稻产业的发展，以品牌为引领，提升稻米品质，增加有效供给，提高效益化水平，实现价值链升级，已经成为业界共识。衔接产业链下游，引导水稻产业向优质转型，加强稻米品牌建设已成为水稻产业发展的共识。然而，稻强米弱是国内水稻产业发展的主要问题，国内仅五常大米、广东丝苗米等少数品牌有一定影响力，相比日本越光、泰国香米等国际品牌还存在很大差距。随着供给侧结构性改革的不断推进，我国稻米品质呈不断改善趋势，2017年全国优质稻米率达37.10%，比五年前提高近5%。以湖南"湘米"工程、广东"丝苗米"、吉林"吉米"、江苏"苏米"振兴工程为代表，建设一批我国地域特色的米业品牌是壮大稻米产业的重要路径。因此，要加快高档优质稻品种选育，为打造优质稻米知名品牌提供源头支撑。

第二部分　小　麦

第四章
2017年我国小麦品种总体概况

一、2017年我国小麦生产概况

中国是世界上最大的小麦生产国，其次为美国、俄罗斯、印度，加拿大、澳大利亚和法国等。小麦在我国是仅次于玉米和水稻的第三大粮食作物，据国家统计局资料，2017年小麦收获面积约3.598亿亩，占粮食作物面积的21.3%；总产约1.298亿t，占粮食作物总产量的21%，较上年增加约2%，平均亩产360.7kg，较上年增加5.5kg。冬小麦面积和产量分别约占94%和95%；其中黄淮冬麦区面积2.2亿亩，约占全国小麦总面积的61%；河南和山东分别为8 315万亩和5 887万亩，近10年均分列第1和第2位，约占全国小麦的23.2%和16.4%，具体见表4-1。

表4-1 13个小麦主产省（自治区）2007年以来推广面积

省（市、自治区）	2017年	2016年	2015年	2014年	2013年	2012年	2011年	2010年	2009年	2008年	2007年
河南	8 315	8 198	8 138	8 110	8 010	7 985	7 920	7 898	7 841	7 498	7 276
山东	5 887	6 105	6 177	6 282	6 333	6 611	6 601	6 732	6 538	6 216	6 064
安徽	3 924	3 961	3 826	4 438	4 341	4 326	4 379	4 289	3 959	3 480	3 310
河北	3 420	3 518	3 371	3 453	3 501	3 739	3 585	3 668	3 375	3 406	3 313
江苏	3 173	3 220	3 181	3 226	3 527	3 546	3 509	3 325	3 375	3 311	3 276
湖北	1 332	1 491	1 397	1 373	1 301	1 602	1 492	1 518	1 170	1 254	1 240
陕西	1 313	1 408	1 519	1 761	1 592	1 649	1 701	1 780	2 005	1 690	1 772
四川	1 209	1 393	1 308	1 618	1 292	1 809	1 770	1 812	1 531	1 777	1 774

（续表）

省（市、自治区）	2017年	2016年	2015年	2014年	2013年	2012年	2011年	2010年	2009年	2008年	2007年
新疆	947	1 020	991	996	940	946	1 007	1 086	815	501	531
山西	606	643	755	744	805	862	914	908	952	895	803
内蒙古	534	688	625	552	628	556	102	697	626	572	496
甘肃	405	385	421	387	389	489	411	679	449	734	390
云南	170	209	203	206	223	179	188	196	182	143	154

　　本年度小麦生育期间主产区受降雨影响，播期普遍推迟；局部地区倒春寒和后期倒伏发生，赤霉病、条锈病、叶锈病、根/茎腐病重度发生，虽然对产量造成一定影响，但气候条件总体对小麦生产有利，且与前5年相比，主导品种产量潜力得到进一步提高，优质强筋和中强筋品种数量增加，赤霉病抗性和穗发芽抗性有所增强，使小麦在产量增加的同时，品质较2016年亦有较大提升。

　　据全国农业技术推广服务中心资料，本年度有统计面积的冬春麦品种共471个。419个冬麦品种中，济麦22、百农207、鲁原502、周麦27、山农20、郑麦9023、西农979、中麦895、烟农19、山农28等10个品种推广面积最大，均在600万亩以上，累计推广10 285万亩，约占全国小麦总面积的28.6%；河南、山东、安徽、河北、江苏、陕西等6省品种推广数量均在50个以上，其中安徽最多，达116个，具体见表4-2和表4-3。推广面积前5位品种均由山东和河南相关单位育成，累计推广6 740万亩，约占全国小麦总面积的18.8%。

表4-2　推广面积前10位冬麦品种2007年以来的面积变化情况

年度 品种	2017	2016	2015	2014	2013	2012	2011	2010	2009	2008	2007
济麦22	1 688	1 817	2 348	3 254	3 428	3 660	3 877	3 420	2 200	971	281
百农207	1 590	676	108	38							
鲁原502	1 560	1 538	1 252	766	376						
周麦27	978	781	138	83							
山农20	924	1 763	1 699	1 383	1 043	329	89				
郑9023	825	1 021	1 103	1 069	1 175	1 125	1 132	1 262	1 579	1 938	2 199
西农979	789	1 139	1 107	1 222	1 233	917	1 060	851	993	537	370
中麦895	675	604	258	184	48						
烟农19	638	875	802	694	628	885	903	1 113	1 464	1 465	1 514
山农28	618	467	19								

表4-3 冬麦区2017年各省品种推广数量和面积汇总情况

省（市、自治区）	推广品种数量（个）	面积（万亩）
河南	88	8 315
山东	68	5 887
安徽	116	3 924
河北	86	3 420
江苏	77	3 173
湖北	31	1 332
陕西	58	1 313
四川	41	1 209
新疆	10	947
山西	38	606
甘肃	31	405
云南	10	170
浙江	15	138
天津	14	94
兵团	5	92
宁夏	3	43
湖南	8	29
上海	5	26
重庆	10	26
贵州	4	23
青海	1	13
北京	6	8

52个春麦品种中，宁春4号、龙麦35、龙麦33、新春6号、宁春16号、垦九10、新春29号、宁春15号、克旱16、新春11号等10个品种推广面积最大，累计推广962万亩，约占全国小麦面积的2.7%；其中前5位品种累计推广721万亩，约占全国小麦总面积的2.0%；内蒙古、新疆、甘肃、青海等4省（区）品种推广数量均在15个以上，其中内蒙古最多，达22个，具体见表4-4和表4-5。由此可见，黄淮冬麦区特别是河南和山东两省育成和推广品种对我国的粮食安全至关重要。

表4-4　推广面积前10位春麦品种2007年以来的面积变化情况

品种＼年度	2017	2016	2015	2014	2013	2012	2011	2010	2009	2008	2007
宁春4号	313	365	374	386	444	485	189	468	572	461	470
龙麦35	127	114	45	30							
龙麦33	112	76	83	95	141	138	11				
新春6号	101	117	203	146	89	122	76	83	140	98	37
宁春16号	68	34	21	22	50	25	26	33	16	30	12
垦九10	58	40	40	115	186	168	127	133	81	78	19
新春29号	51	45	35	26	21	28	9	9			
宁春15号	48	32	27	47	50	80	62	67	50	50	44
克旱16	45	26	60	17	30	75	44	92	92	92	66
新春11号	39	72	60	67	57	79	36	28	134	66	33

表4-5　春麦区2017年各省品种推广数量和面积汇总情况

省（自治区）	推广品种数量（个）	面积（万亩）
内蒙古	22	534
新疆	15	359
黑龙江	10	196
甘肃	16	173
宁夏	5	103
青海	16	93
兵团	11	81

二、2017年我国小麦品种推广应用特点

（一）品种布局更趋合理，主导品种更加突出

品种布局更趋合理，国审品种占主导地位，更新换代速度加快。据全国农业技术推广服务中心资料，2017年冬麦品种累计推广约3.12亿亩，其中前10位累计约占冬麦总面积的32.9%，均为国审品种，前5位累计约占冬麦总面积的21.6%，较2016年（7 277万亩）下降537万亩，且品种间位次发生显著变化。其中山农20、郑麦9023、西农979、烟农19等品种面积下降较大，百农207、周麦27、中麦895、山农28等品种面积上升显著，具体见表4-2。春

麦品种累计推广1 539万亩，其中前10位累计约占春麦总面积的62.5%；前5位累计推广721万亩，约占春麦总面积的46.8%，与2016年的744万亩相比变化不大，且品种间位次变化不明显（表4-4）。由此可知，冬春麦主导品种地位仍然突出。高产、优质和抗病等不同类型品种得到一定的合理布局，西农979、郑麦9023、烟农19和中麦895在自然条件下的赤霉病病穗率较轻，在河南中南部、安徽皖北赤霉病常发区生产上得到了一定程度的应用；中麦175和衡4399等节水品种在生产上得到了利用和布局引导。这在一定程度上保障了粮食生产的安全。

（二）优质品种发展迅速，整体品质明显提升

冬麦排名前10位品种中，中强筋品种包括郑麦9023、西农979、烟农19共3个，累计推广2 252万亩；春麦排名前10位品种中，中强筋品种包括宁春4号、龙麦35、龙麦33共3个，累计推广552万亩；冬春麦前10位品种中，强筋和中强筋类占小麦总面积的7.8%（表4-2和表4-4）。黄淮麦区新麦26、郑麦366、济南17、师栾02-1和春麦区宁春4号、龙麦35、龙麦33等品种围绕订单生产发挥作用，累计推广1 228万亩，占小麦总面积3.4%，优质麦产业化程度得到进一步提升，紧密围绕推进农业供给侧结构性改革主线，由益海嘉里、天津大成、南顺等知名面业企业牵头，在河北邢台、山东滨州、河南新乡和焦作等地建设种植示范和订单生产基地；引导农户规模化生产优质专用品种，通过加价收购，提高收益，上述优质品种的价格较普通小麦一般高15%～20%，优质优价开始得到落实，优质粮的规模效益开始体现；从而使小麦产加销衔接，促使优质与高产的协调发展，促进节本增效与提质增效双提高。

（三）抗性品种推广利用得到加强，防灾减灾能力提高

百农207表现耐穗发芽、抗干热风、稳产高产，2017年面积迅速扩大至1 500万亩以上，郑麦9023、西农979等品种在黄淮和长江中下游麦区、川麦42在长江上游麦区的生产上持续得到应用，赤霉病和条锈病抗性得到体现，面积呈进一步扩大趋势，高感品种份额开始缩小，为粮食安全生产提供了进一步保障，具体见表4-2。

（四）商业化育种成效开始显现

冬麦推广品种中，科研单位、种业企业和科企合作育成品种比例分别占75%、20%和5%，推广面积占比分别为76%、18%和6%，具体见图4-1和图4-2。春麦推广品种中，科研单位、种业企业和科企合作育成品种比例分别占88%、4%和8%，推广面积占比分别为96%、1%和3%，具体见图4-3和图4-4。由此可见，常规作物小麦品种的选育主要还是以科研单位为主，其中冬麦区种业企业育成品种数占20%，春麦区育成品种则主要来自科研单位；科研单位和种业企业间合作开始加强。

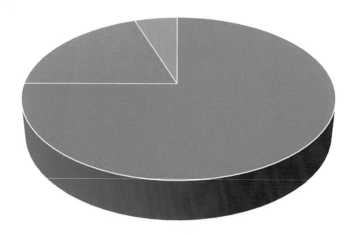

■科研单位   ■种业企业   ■科企合作

图4-1   冬麦区科研、种业企业和科企合作育成品种比例

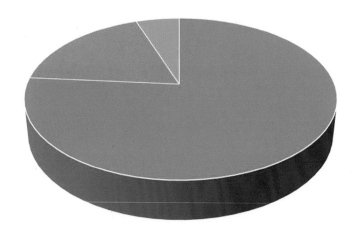

■科研单位   ■种业企业   ■科企合作

图4-2   冬麦区科研、种业企业和科企合作育成品种推广面积占比

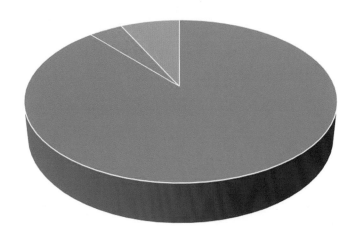

■科研单位   ■种业企业   ■科企合作

图4-3   春麦区科研、种业企业和科企合作育成品种比例

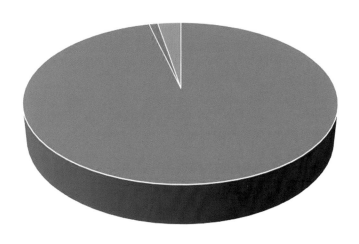

■科研单位   ■种业企业   ■科企合作

图4-4   春麦区科研、种业企业和科企合作育成品种推广面积占比

具体来说，种业企业育成超过100万亩以上的品种共11个，以百农207为主，累计推广3 187万亩，较2016年增加1 065万亩，具体见表4-6。

表4-6   企业育成推广面积100万亩以上的品种情况

品种	麦区	2017（万亩）	2016（万亩）
百农207	黄淮南片	1 590	676
先麦10号	黄淮南片	188	70
华成3366	黄淮南片	182	178
良星99	黄淮北片	174	234
瑞华麦520	黄淮南片	162	114
鑫麦296	黄淮北片	158	103
良星66	黄淮北片	151	185
良星77	黄淮北片	148	142
泛麦5号	黄淮南片	111	102
豫麦49-198	黄淮南片	109	147
石农086	黄淮北片	109	105
青农2号	黄淮北片	105	68

（五）品种供给侧改革初见成效

新审品种发展强劲：新审定品种类型丰富，优质专用、节水节肥、抗病抗逆品种开始发挥作用。

　　推广面积前10位品种中，2012年之后国家审定冬麦品种4个，包括百农207、鲁原502、中麦895和山农28，总推广面积4 444万亩，约占冬麦总面积的14.24%；新审定春麦品种中，龙麦35和新麦37推广总面积161万亩，约占春麦总面积的10.46%。品种类型丰富，包括高产、优质强筋、抗耐赤霉病、早熟等品种，品种多样化满足了市场的不同需求。种子法的修订体现了稳定产量指标、引导提高品质、重视品种安全、特殊用途品种特殊处理等原则，对抗赤霉病、优质、抗穗发芽、节水节肥等绿色优质品种适当降低其他指标，促进绿色优质品种脱颖而出，以进一步满足新形势下市场对小麦品种多样化的需求。

　　后续品种储备充足：2017年度区试和生产试验中抗赤霉病、优质强筋和弱筋品种，国家、省级、绿色通道和联合体试验中参试新品系类型增多。

　　为满足育种家新品种的参试需求，国家和各小麦主产省根据有关规定拓宽了参试渠道，扩大了试验容量，联合体试验进一步增加了试验品种容量。以河南和山东省为例，优质强筋组和赤霉病组的单独设立，使优质强筋和抗赤霉病等绿色品种脱颖而出，西农511、周麦36号、中麦578、济麦44等品种已经结束相应试验程序，有望于2018年审定。

（六）良种良法配套推广，增产增收效果明显

　　充分发挥品种潜力和区域资源优势，围绕新品种制定了栽培技术规程或地方标准，重点集成示范推广秸秆还田下的良种良法配套绿色增产技术模式。主推技术包括种子包衣和药剂拌种技术，测土配方施肥技术，根据播期、整地质量科学调整播量技术，整地、施肥、播种、镇压复式播种技术，病虫草害综合防治技术及防灾减灾技术等。通过良种良法配套发挥品种潜力，克服品种缺陷，提高生产安全和种植效益。

（七）管理体系日趋完善，确保生产用种安全

　　围绕新品种，在主产区安排核心品种展示及国家展示，种子量足质优，种子检测、种子市场监管、种子繁育、种子质量控制逐步完善，基地标准化规模化建设初具规模，确保生产用种安全。

第五章
当前我国各小麦主产区推广的主要品种类型及表现

一、北部冬麦水地品种类型区

（一）本区概述

该区包括河北省境内长城以南至保定、沧州市中北部地区，北京市、天津市，山西省太原市全部和晋中、吕梁、长治、阳泉的部分地区。小麦面积690万亩左右，其中河北520万亩，北京和山西共50万亩，天津120万亩。区内河北平均亩产350kg，北京400kg，山西360kg，天津400kg左右。本区冬季寒冷干燥，要求品种亩成穗数多，冬性强，抗寒和耐旱性能较好，早春返青快，起身拔节晚而后期发育较快，抗条锈、叶锈和白粉病，部分地区要求抗秆锈、叶枯和黄矮病，对品种的抗穗发芽能力有一定要求。因此，抗寒、耐旱、灌浆速度快、耐穗发芽品种的选育和推广是本区的主要目标。

（二）小麦品种审定情况

2017年度通过省级审定3个品种，均为高产类型。

（三）小麦品种推广利用情况

2017年度生产上有轻微春冻现象，成熟期大风使小麦出现不同程度倒伏，雨水较多影响收获。

共推广利用32个品种，排名前10位品种中，100万亩以上品种2个，中麦175（310万亩）和河农6425（117万亩）分别约占37.64%和16.91%；50万亩以上品种1个，石新828（52万亩，包括冀中南面积在内）约占7.54%。另外7个分别为轮选169、保麦9号、轮选987、河农

130、京冬18号、中麦1062、舜麦1718，累计151万亩。前10位品种累计占本区面积84%。其中优质中强筋品种1个，中麦1062（14万亩）占本区面积2%。

（四）主导品种推广利用及其变化情况整体评价

2017年度主导品种与前5年相比，高产品种占本区总面积82%，产量潜力进一步提高。

（五）小麦主导品种及苗头品种简介

本区推广面积前4位的主导品种包括中麦175、河农6425、石新828和轮选987，2个苗头品种包括中麦1062和河农130，具体表现见表5-1。

二、北部冬麦旱地品种类型区

（一）本区概述

该区包括山西省阳泉、晋中、长治、吕梁、临汾和晋城的部分地区，陕西省延安市全部和榆林市的南部地区，甘肃省庆阳和平凉市全部、定西部分地区，宁夏回族自治区（以下简称宁夏）固原市部分地区。区内产量水平较低。小麦生育期间降水量120~140mm，干旱、低温冻害、干热风是该区小麦生长的主要逆境环境，主要发生病害包括白粉、条锈、叶锈和黄矮病。该区推广品种收获期较迟，遇降雨概率较大，对穗发芽抗性或成熟期种子休眠性有一定要求。因此，抗寒抗旱、耐瘠薄盐碱、灌浆速度快、耐穗发芽品种的选育和推广是本区的主要目标。

（二）小麦品种审定情况

2017年度通过审定品种4个，均为高产类型。

（三）小麦品种推广利用情况

2017年度本区气候表现为播前降水较多，底墒足，越冬前及越冬期气温偏高，春季气温略偏高，多数试点降雨量偏少，气温回升慢，灌浆后期气温偏高，降雨量少，干热风危害严重。条锈病依然是本区主要病害，其次叶锈病、白粉病、黄矮病等病害在各地均有不同程度发生。由于本年度推广品种绝大多数免疫—高抗条锈病，因此病害基本未对小麦生产造成重大影响。

本年度推广前5位品种全部为高产抗旱节水型品种，缺少优质中强筋和强筋品种。

（四）推广利用小麦品种整体评价

2017年度主导品种与前5年相比，产量潜力有所提高，条锈病抗性得以继续保持和加强，但品质方面未有显著改进。推广面积前4位品种中，除长6878外，其余均为2015年后新审定品种。

（五）小麦主导品种及苗头品种简介

本区推广面积前3位的主导品种包括兰天26、兰天32和陇育5号，具体表现见表5-2。

三、黄淮冬麦北片水地品种类型区

（一）本区概述

该区包括山东省全部、河北省保定市和沧州市的南部及其以南地区、山西省运城和临汾市的盆地灌区。小麦面积约7 900万亩，其中山东、冀中南和晋中南分别约5 000万亩、2 500万亩和400万亩，平均亩产500kg、450kg和400kg，总产约4 150万t。该区为两熟种植区，光热资源一熟有余，两熟紧张，小麦生长后期温度上升快，灌浆期有限；除胶东和鲁西南地区降水量稍大外，多数地区小麦生育期降水150～250mm，春旱严重，拔节和抽穗期降水严重不足；白粉病是常发病害，叶锈病偶有发生，赤霉病和茎基腐病有成为主要病害的趋势。因此，节水早熟品种的选育和推广是本区的主要目标，需要及早防范赤霉病等的为害。山东北部和冀中南地区适于发展优质强筋小麦品种。

（二）小麦品种审定情况

2017年度通过省级审定12个品种，其中山东10个，山西2个，高产类型11个，优质强筋类型1个。

（三）小麦品种推广利用情况

2017年度本区冬季墒情较好，冻害普遍偏轻，为提高亩穗数奠定了较好基础。春季气温回升较早，小麦提前进入返青、拔节期，比往年早5天左右。灌浆期整体气候适宜，多数地区降水基本满足灌浆需求，5月上中旬高温在影响灌浆的同时，抑制了各种病害的发生和漫延，病害发生很轻。5月底鲁豫、冀豫、晋豫交界地带普遍降水并伴随大风，倒伏严重。总体来看，本年气候对全区小麦生长整体有利，冻害、病害相对较轻，降水较多，穗粒数和千粒重接近常年，亩穗数增加，产量水平高。

生产上共推广利用155个品种，其中1 000万亩以上品种2个，包括济麦22和鲁原502，分别为1 508万亩和1 419万亩；500万亩以上品种2个，包括山农20和山农28，分别为677万亩和618万亩；100万亩以上品种13个，合计1 893万亩。上述17个品种累计推广6 115万亩，约占该区总面积的77%。

优质强筋品种17个，共推广约310万亩，占本区面积3.9%，其中石4366、藁优2018、藁优5218三个品种面积均在40万亩以上，主要以订单形式组织生产，调动了各方积极性，促进农民增收。抗赤霉病品种4个，共推广134万亩，占本区面积1.5%。衡4399等节水品种73

个，结合"冬小麦节水稳产配套技术项目"，近3年累计推广2 200万亩。

（四）推广利用小麦品种整体评价

2017年度主导品种与前5年相比，高产品种产量潜力进一步提高，优质强筋和中强筋品种数量有所增加。

（五）小麦主导品种及苗头品种简介

本区推广面积前14位的主导品种包括济麦22、鲁原502、山农20、山农28、山农29、衡4399、鑫麦296、石农086、石4366、良星77、泰农18、晋麦84、藁优2018和藁优5218，具体表现见表5-3。

四、黄淮冬麦南片水地品种类型区

（一）本区概述

本区包括河南省除信阳市和南阳市南部部分地区以外的平原灌区，陕西省西安、渭南、咸阳、铜川和宝鸡市灌区，江苏和安徽两省淮河以北地区。我国第一大麦区，小麦面积约1.38亿亩，占全国小麦面积的38.3%。该区处于南方麦区和北方冬麦区的过渡地段，为半干旱半湿润气候、强筋中筋麦适宜区，小麦生育期内降水量230～500mm，日照和温度条件较好。受大陆性季风气候影响，并随着全球气候变化，小麦生育期内冬春干旱加剧，倒春寒冻害、灌浆中后期暴雨、倒伏、雨后高温逼熟、干热风、收获期穗发芽等灾害频发。小麦玉米轮作及秸秆还田、旋耕面积扩大、播量大等因素导致赤霉病、根/茎腐病、纹枯病、黄花叶病毒病、叶锈病、白粉病等病害持续加重发生。因此，冬春抗寒性较好，前期节水耐旱，后期抗倒伏性好、根系活力强、耐热、灌浆速度快，抗赤霉病、叶锈病、白粉病、纹枯病、根腐病，抗穗发芽品种的选育和推广是本区的主要目标。河南省沿黄两侧及黄河以北、西部山前平原和陕西关中平原灌溉区适于发展优质强筋中强筋小麦。

（二）小麦品种审定情况

2017年度通过国家审定品种13个，其中优质强筋品种1个，中感赤霉病绿色品种3个，弱春性早熟品种5个，普通高产稳产类型品种4个。河南、安徽、江苏、陕西省级审定品种52个，其中优质强筋品种4个，抗赤霉病品种4个，抗穗发芽品种2个。

（三）小麦品种推广利用情况

2017年度本区播前降雨，导致播期偏晚，冬前分蘖少。冬季降温早，越冬期和早春气温较常年偏高，年后分蘖增加较多，最高茎蘖量较常年略有降低。返青拔节后气温平稳，光照充足，墒情好，小麦生长发育良好，3月下旬至4月底气温变化大，部分地区出现中度倒春寒冻害，豫东南、皖北、苏北和陕西关中部分中晚熟品种冻害相对较重。抽穗扬花期比常年提前3~4天，花期降雨时间短，雨后即晴，赤霉病中等偏轻发生。河南中南部、安徽北部、陕西关中条锈和叶锈病发生早且重，河南中北部、安徽淮北部分地区根/茎腐病发生较重。灌浆中期大风暴雨造成河南省中北部、安徽省淮北、陕西关中等部分地区高产田倒伏严重。5月下旬干热风对小麦灌浆有一定影响，不耐后期高温的品种出现早衰并停止灌浆，千粒重受影响较大。

百农207是本区推广面积最大的品种，为1 590万亩，占该区小麦面积的11.5%；500万亩以上品种5个，分别是周麦27（978万亩）、西农979（789万亩）、中麦895（675万亩）、烟农19（638万亩）、郑麦7698（576万亩），累计3 656万亩，占26.5%；100万亩以上品种23个，分别是郑麦379（485万亩）、百农矮抗58（470万亩）、小偃22（314万亩）、郑麦583（292万亩）、淮麦33（287万亩）、新麦26（274万亩）、周麦22（251万亩）、山农20（246万亩）、安农0711（224万亩）、郑麦9023（203万亩）、先麦10号（188万亩）、华成3366（182万亩）、丰德存麦1号（165万亩）、瑞华麦520（162万亩）、豫农416（160万亩）、丰德存麦5号（159万亩）、济麦22（153万亩）、鲁原502（140万亩）、徐麦33（125万亩）、泛麦5号（111万亩）、豫麦49-198（109万亩）、淮麦22（103万亩）、淮麦35（102万亩），累计4 905万亩，占35.5%；另有23个品种面积在50万亩以上，累计1 534万亩，占11%。

本区内各省推广面积前15位的品种中，河南分别为百农207、周麦27、西农979、郑麦7698、郑麦379、中麦895、百农AK58、郑麦583、周麦22、新麦26、先麦10号、豫农416、丰德存麦1号、丰德存麦5号、山农20；安徽分别为烟农19、华成3366、山农20、中麦895、济麦22、百农207、紫麦19、淮麦22、鲁原502、皖麦52、淮麦33、泛麦5号、淮麦29、安农0711、山农17；江苏分别为烟农19、淮麦33、瑞华麦520、徐麦33、济麦22、保麦6号、淮麦35、江麦816、淮麦20、淮麦28、保麦218、百农207、江麦919、连麦8号、徐麦30；陕西分别为小偃22、中麦895、西农979、西农822、西农3517、长丰2112、西农20、周麦26、百农207、金麦1号、山农20、陕麦139、武农986、闫麦9710、荔高6号。

主导品种以普通中筋类型为主，优质强筋中强筋、抗赤霉病和抗穗发芽类型品种偏少。在种植面积超过10万亩的132个品种中，强筋品种10个，包括西农979（789万亩）、新麦26（274万亩）、丰德存麦5号（159万亩）、郑麦9023（203万亩）、郑麦366（84万亩）、西农509（67万亩）、淮麦30（81万亩）、淮麦36（28万亩）、西农9718（23万亩）、涡麦9号（32万亩），累计面积1 738万亩，占该区小麦面积的12.6%；优质中强筋品种16个，累计2 674万亩，占19.2%。中抗中感赤霉病品种9个，包括烟农19、安农0711、泛麦5号、紫麦19（62万亩）、山农17（51万亩）、淮麦20（84万亩）、淮麦30、洛麦23（70万亩）、洛麦21（21万亩），累计1 342万亩，占9.7%。生产上表现穗发芽抗性的品种主要有百农207，占11.5%。

（四）推广利用小麦品种整体评价

2017年度主导品种的产量、抗性、品质情况与前5年相比，主要表现以下3个方面的趋势：①高产品种的产量潜力进一步提高；②优质强筋和中强筋品种的数量增加，其产量水平有一定程度的提高，总种植面积在该区占比方面虽无明显变化，但强筋品种占比有所下降，中强筋品种占比有所提高，整体品质有所降低；③赤霉病抗性和穗发芽抗性有所增强。

（五）小麦主导品种及苗头品种简介

本区推广面积前15位的主导品种包括百农207、周麦27、中麦895、烟农19、郑麦7698、郑麦379、百农AK58、郑麦583、淮麦33、周麦22等高产稳产品种10个和西农979、新麦26、郑麦9023、丰德存麦5号、郑麦366等优质强筋中强筋品种5个，5个苗头品种包括泉麦890、天益科麦5号、丰德存麦12等高产稳产品种3个和西农511、周麦36等优质强筋品种2个，具体表现见表5-4。

五、黄淮冬麦旱地品种类型区

（一）本区概述

该区包括山东省旱地，河北省保定市和沧州市的南部及其以南地区旱地，河南省除信阳市全部和南阳市南部部分地区以外的旱地，陕西省西安、渭南、咸阳、铜川和宝鸡市旱地，山西省运城市全部、临汾市和晋城市部分旱地，甘肃省天水市丘陵山地。小麦种植面积约5 300万亩，主要发生病害包括条锈、叶锈、白粉和黄矮病，对品种抗旱性、冬春抗寒性、生育后期抗干热风能力有一定要求。因此，冬春抗寒性较好，耐旱耐热，抗条锈病、白粉病和黄矮病品种的选育和推广是本区的主要目标。

（二）小麦品种审定情况

2017年度通过审定29个品种，包括3个优质强筋和26个高产品种，其中国家审定4个高产类型品种。

（三）小麦品种推广利用情况

总体来说，2017年度冬季墒情较好，冻害普遍较轻。灌浆期整体气候适宜，降水较多，可基本满足灌浆需求，病害普遍较轻，属丰产年份。

中麦175是本区推广面积最大的品种，为203万亩；其次为晋麦47（90万亩）、洛旱6号（45万亩）、西农928（62万亩）、运旱20410（35万亩）、长6359（41万亩）、长旱58

（21万亩）、烟农21（34万亩）、临旱6号（13万亩），累计1 460万亩，占14.47%。

本区品种分布较分散，大部分为高产品种，推广面积前10位品种占该区面积14.47%，又分为旱肥和旱薄两种类型。其中旱肥地品种以中麦175为代表，旱薄地品种以晋麦47为代表，水肥利用效率均较高。

（四）推广利用小麦品种整体评价

2017年度主导品种与前五年相比，产量水平整体较高。生育期内气候适宜，有利于旱地小麦品种产量潜力的充分发挥，且病害轻。

（五）小麦主导品种及苗头品种简介

本区推广面积前8位的主导品种包括中麦175、晋麦47、西农928、洛旱6号、长6359、运旱20410、烟农21、长旱58，具体表现见表5-5。

六、长江上游冬麦品种类型区

（一）本区概述

该区包括贵州省、重庆市全部，四川省除阿坝、甘孜州南部部分县以外的地区，云南省泸西、新平至保山以北和迪庆、怒江州以东地区，陕西南部地区，湖北十堰、襄阳地区，甘肃陇南地区，总面积1 550万亩左右。本区地形地势复杂，平坝少，丘陵多；盆地多为面积碎小而零散分布的河谷平原和山间盆地，丘陵旱坡地多，海拔差异大。小气候带众多，影响小麦分布、生产及品种使用。成都平原为本区域最大的盆地，也是本区小麦面积最大的区域。病害以条锈病为主，对抗倒伏性和抗穗发芽能力及与水稻机直播播种相关的早熟性有要求。因此，抗倒伏性好、抗穗发芽、早熟、抗条锈病品种的选育和推广是本区的主要目标。

（二）小麦品种审定情况

2017年度通过省级审定7个品种，均为高产抗病类型。

（三）小麦品种推广利用情况

川麦104（180万亩）、绵麦367（119万亩）、川麦42（88万亩）、西科麦4号（88万亩）、内麦836（68万亩）、绵麦31（68万亩）、绵麦51（62万亩）、川农27（58万亩）共8个品种的推广面积在50万亩以上，累计推广731万亩，占本区总面积的47.16%。近年云麦53和中强筋品种云麦57表现较突出。

推广品种以高产抗赤霉病类型为主，优质中强筋类型品种云麦57开始得到利用。

（四）推广利用小麦品种整体评价

主导品种依然以川麦104、绵麦367、川麦42、西科麦4号和内麦836等为主，变化不大。

2011年后审定品种9个，推广面积367万亩，生产上品种的品质、条锈病和赤霉病抗性均有所提高，进一步保障了粮食生产的安全。云麦47、云麦51等优质弱筋和云麦57等优质强筋品种得到应用。

（五）小麦主导品种及苗头品种简介

本区推广面积前8位的主导品种包括川麦104、绵麦367、川麦42、西科麦4号、内麦836、绵麦51、川农27、云麦53，具体表现见表5-6。

七、长江中下游冬麦品种类型区

（一）本区概述

该区包括浙江省、江西省、湖北省、湖南省及上海市全部，河南省信阳全部与南阳南部，江苏和安徽两省淮河以南地区。气候湿润，热量条件良好，年降水量高，地势较低平，以丘陵为主，土壤类型以水稻土为主，是我国主要的优质弱筋麦产区，种植制度以水稻小麦一年两熟为主，品种多为春性或者弱春性。常发病害赤霉病，兼以条锈病、纹枯病和白粉病，其中赤霉病和部分地区条锈病有加重趋势。因此，抗穗发芽、抗赤霉和条锈病品种的选育和推广是本区的主要目标。

（二）小麦品种审定情况

2017年度通过审定16个品种，其中优质品种2个，抗赤霉病品种3个，抗穗发芽品种3个。

（三）小麦品种推广利用情况

2017年度赤霉病总体较轻，沿江地区中等偏重发生。

郑麦9023推广面积最大，为622万亩，占本区域总面积18.54%，主要分布在湖北、江苏、安徽省。其次是宁麦13，推广521万亩，占该区总面积11.71%，主要分布在江苏和安徽；另外8个品种依次为扬麦16（197万亩）、扬麦20（192万亩）、扬辐麦4号（178万亩）、扬麦23（153万亩）、襄麦25（106万亩）、扬麦15（102万亩）、扬麦13（97万亩）、先麦8号（85万亩），累计2 456万亩，占该区总面积55.19%。

推广面积前10位品种中，除扬麦13和扬麦15外，其余8个品种表现中感—中抗赤霉病，累计2 257万亩，占该区总面积50.72%。强筋品种扬麦23占该区总面积3.44%，弱筋品种扬麦20和扬麦15占该区总面积6.61%。郑麦9023和扬麦16长期为本区主导品种，近几年种性有所退化，产量潜力下降，种植面积逐渐减少。

（四）推广利用小麦品种整体评价

2017年度主导品种与前5年相比，产量水平保持稳定，品种抗病性特别是对主要病害赤霉病的抗性整体有所提高，优质弱筋品种开始在生产上得到应用，面积呈上升趋势。总体来说，主导品种相对稳定，品种更新缓步进行。

（五）小麦主导品种及苗头品种简介

本区推广面积前10位的主导品种包括郑麦9023、宁麦13、扬麦16、扬麦20、扬辐麦4号、扬麦23、襄麦25、扬麦15、扬麦13、先麦8号，具体表现见表5-7。

八、东北春麦晚熟品种类型区

（一）本区概述

该区包括黑龙江、内蒙古东北部。主要集中在黑龙江中西部的嫩江县、五大连池市、黑河市爱辉区、呼玛县、逊克县、孙吴县、克山县，依安县和拜泉县有部分种植；内蒙古自治区（以下简称内蒙古）呼伦贝尔市的额尔古纳市、陈巴尔虎旗、牙克石市和鄂伦春旗。面积约550万亩，总产约200万t。收获期降水量较多，穗发芽较重，常发病害赤霉病和根腐病较重。因此，抗穗发芽、抗赤霉病和根腐病品种的选育和推广是本区的主要目标。

（二）小麦品种审定情况

2017年度未审定品种。

（三）小麦品种推广利用情况

2017年度本区除嫩江外，生育期降水普遍较少，干旱严重，对产量影响较大。

100万亩以上品种2个，包括龙麦35（127万亩）和龙麦33（112万亩），累计约占本区总面积43.45%。其次为垦九10号（58万亩）、克旱16号（45万亩）、克春4号（28万亩）、内麦19（21万亩）、克旱21号（25万亩）、内麦21（17万亩）、龙麦30（16万亩）、格莱尼（13万亩），累计223万亩，占40.55%。

生产上以强筋和中筋麦为主，其中龙麦35号（127万亩）和龙麦33号（112万亩）占本区总面积43.45%。内蒙古呼伦贝尔市地区以优质强筋龙麦35、龙麦33和龙麦36为主。

（四）推广利用小麦品种整体评价

2017年度主导品种的产量、抗性、品质情况与前5年相比变化不大。2012年后审定品种包括龙麦35，龙麦30和格莱尼，累计推广156万亩，占28.36%。由于推广力度不足，品种更新换代较慢。

（五）小麦主导品种及苗头品种简介

本区推广面积前3位的主导品种包括龙麦35、龙麦33、垦九10号，2个苗头品种包括龙麦39、克春8号，具体表现见表5-8。

九、西北春麦品种类型区

（一）本区概述

该区包括内蒙古中西部，宁夏全部，甘肃省兰州、临夏、武威及其以西的全部和甘南州部分地区，青海省西宁市、海东地区、柴达木盆地灌区及黄南州、海南州、海北州部分地区，新疆维吾尔自治区（以下简称新疆）部分地区。属温带大陆性干旱半干旱气候，热量丰富，土质肥沃，干旱少雨，昼夜温差大，是我国西北地区优质中强筋小麦商品粮基地。小麦面积近1 000万亩，其中宁夏120万亩，平均亩产342.1kg；新疆600万亩，平均亩产374kg。主要病虫害包括条锈病、叶锈病、白粉病、黄矮病、赤霉病和蚜虫，新疆腥黑穗病也时有发生。干旱、土壤盐渍化及生育后期干热风为害是本区小麦生产的重要问题。因此，早熟、抗旱、耐干热风、抗病品种的选育和推广是本区的主要目标。

（二）小麦品种审定情况

2017年度通过省级审定品种7个，其中新疆审定高产类型品种6个，宁夏审定早熟类型品种1个。

（三）小麦品种推广利用情况

宁春4号是本区面积最大的品种，推广313万亩，占本区总面积31.3%。其次是新春6号，推广101万亩，占本区总面积10.1%；两者均在100万亩以上。排名前10位的另外8个品种依次为宁春16（68万亩）、新春29号（51万亩）、宁春15号（48万亩）、新春11号（39万亩）、新春37号（34万亩）、宁春50号（30万亩）、新春26号（25万亩）、宁春39号（24万亩），累计推广319万亩，占本区总面积31.9%。

生产上优质中强筋品种宁春4号居主导地位。新春6号、宁春16、新春29号等品种的抗病抗逆性均较好，综合性状较突出。

（四）推广利用小麦品种整体评价

2017年度主导品种的产量、抗性、品质情况与前5年相比变化不大。2012年后审定品种仅1个，新麦37推广34万亩，占3.4%。品种更新换代较慢，原因主要在于中强筋主导品种宁春4号产量、抗病和抗逆性均较好，新春6号和宁春16等品种产量水平和抗病抗逆性均较好。

（五）小麦主导品种及苗头品种简介

本区推广面积前8位的主导品种包括宁春4号、新春6号、宁春16、宁春15号、新春11号、新春37号、宁春50号、新春26号，具体表现见表5-9。

表5-1　北部冬麦区水地推广面积前4位的主导品种和2个苗头品种表现

品种名称	选育单位	优缺点	种植面积变化情况	推广区域种植建议及风险提示
中麦175	中国农业科学院作物科学研究所	高产广适节水，抗寒性中等。慢条锈病，中抗白粉病，高感叶锈病、秆锈病	2007年至今累计推广超过3400万亩，近3年本区推广均在300万亩以上	适播期9月28日至10月8日，亩适宜基本苗20万~25万。拔节初期以控制春季分蘖为主，一般不浇水分蘖，待春5叶露尖时再浇水施肥。后期浇好灌浆水，促大蘖成穗。注意防治病虫害
河农6425	河北农业大学	中早熟，高产抗倒，抗寒性中等。中抗条锈病，叶锈病，中感白粉病	2017年推广117万亩，比2016年增加23万亩	适播期10月上旬，亩适宜基本苗22万~25万。浇好封冻水，春季浇水视天气和土壤墒情况。播种进行种子包衣或拌种，后期及时防治麦蚜和白粉病
石新828	石家庄市小麦新技术品种研究所	高产抗倒，抗寒性一般。中抗条锈病、中感叶锈病、白粉病	2017年推广133万亩，比2016年增加101万亩	适播期10月3日至10日，亩适宜基本苗20万左右，施足底肥，磷、钾配合施用。重施起身拔节肥，补施孕穗开花肥。以稳定亩穗数为主，主攻穗粒数，千粒重与提高品质。注意防治病虫害
轮选987	中国农业科学院作物科学研究所	高产稳产晚熟，抗寒性中等。中抗白粉病、中感条锈病、高感叶锈病	由于育成年代较久，综合性状出现退化，面积下降较快。2017年推广30万亩，比2016年减少22万亩	适播期9月底至10月初，亩适宜基本苗20万~22万。分蘖力较强，成穗率较高，抗倒伏性较好。拔节初期以控为主，第1、2节间定长后再浇水施肥。后期浇好灌浆水
中麦1062	中国农业科学院作物科学研究所	高产广适，抗寒抗倒，优质中强筋。抗白粉病和条锈病	2017年推广14万亩，较2016年增加3万亩	适播期9月25日至10月5日，亩适宜基本苗20万~22万。返青管理依苗情而定，促控结合。拔节初期以控制春季为主，拔节末期再浇好灌浆水，促大蘖成穗。后期浇好灌浆水，注意防治病虫害
河农130	河北农业大学	高产广适，抗寒性中等。高抗叶锈病，中感条锈病、高感白粉病	2017年推广18万亩，较2016年减少11万亩	适播期10月1日至5日，适宜基本苗20万左右，增施有机肥和氮、磷肥，造好底墒，确保全苗，浇封冻水保安全越冬。浇好起身水，适当追肥以利增强秆和增加粒重。注意防治病虫害

表5-2 北部冬麦区旱地推广面积前3位的主导品种表现

品种名称	选育单位	优缺点	种植面积变化情况	推广区域种植建议及风险提示
兰天26号	甘肃省农业科学院小麦研究所	中早熟，分蘖力强，抗寒抗旱抗青干，高抗条锈病和白粉病	2017年推广36万亩，较2016年减少5万亩	二阴区旱地适播期9月上中旬，亩适宜基本苗33万～36万；川水地适播期9月中下旬，亩适宜基本苗38万～40万。12月中旬适时冬灌，4月下旬至5月上旬灌溉1次；孕穗至抽穗期结合叶面追肥喷药，防治小麦锈病和白粉病
兰天32号	甘肃省农业科学院小麦研究所	中早熟，抗寒抗旱抗青干	2017年推广18万亩，比2016年增加7万亩	二阴区旱地适播期9月上中旬，亩适宜基本苗32万～35万；川水地适播期9月中下旬，亩适宜基本苗38万～43万。12月中旬适时冬灌，4月下旬至5月上旬灌溉1次；孕穗至抽穗期结合叶面追肥喷药，防治小麦锈病和白粉病
陇育5号	陇东学院农林科技学院	中晚熟高产。条锈病免疫，高感叶锈病、白粉病和黄矮病	2017年推广24万亩，近三年保持不变	适播期9月下旬至10月上旬，亩适宜基本苗20万～28万。注意防治白粉病和黄矮病等病虫害

表5-3 黄淮北片水地推广面积前14位的主导品种表现

品种名称	选育单位	优缺点	种植面积变化情况	推广区域种植建议及风险提示
济麦22	山东省农业科学院作物研究所	中晚熟，高产广适抗倒伏。中感白粉病，中抗白粉病，中感条锈病、高感叶锈、赤霉病和纹枯病	黄淮北片水地第1大品种和区试对照，并引种江苏浙安徽等省，2017年推广1688万亩，比2016年减少129万亩，处于不断下降阶段	适播期10月上旬，亩适宜基本苗10万～15万。注意防治蚜虫、叶锈病、赤霉病、纹枯病等病虫害
鲁原502	山东省农业科学院原子能农业应用研究所/中国农业科学院作物科学研究所	中晚熟、高产，对肥力敏感，抗倒伏性中等。高感条锈病、叶锈病、白粉病、赤霉病、纹枯病	近几年面积发展迅速，2017年推广1560万亩，是山东和河北的主导品种	适播期10月上旬，亩适宜基本苗13万～18万。加强田间管理，浇好灌浆水。注意防治叶锈病和白粉病，预防赤霉病、防干热风、防倒伏

（续表）

品种名称	选育单位	优缺点	种植面积变化情况	推广区域种植建议及风险提示
山农20	山东农业大学	高产抗倒，冬季抗寒性较差。中抗叶锈病、慢条锈病，中感白粉病、高感赤霉病、纹枯病	2013—2016年面积均在1 000万亩以上，是山东和冀中南的主导品种，并在黄淮南片水地得到推广利用。2017推广924万亩，较2016年减少839万亩，下降明显	适播期10月上旬，亩适宜基本苗15万～18万。春季管理略晚以控制株高，防倒伏。抽穗前后注意防治蚜虫，纹枯病和赤霉病
山农28号	山东农业大学淄博禾丰种子有限公司	中晚熟高产，抗寒性中等。高抗白粉病，中感赤霉病、纹枯病和条锈病，高感叶锈病	山东当前主导品种，开始在河北和山西推广利用，2017年推广618万亩，较2016年增加151万亩	适播期10月上中旬，亩适宜基本苗12万～15万。注意防治蚜虫、赤霉病、叶锈病和纹枯病等病虫害
山农29号	山东农业大学	中晚熟高产，茎秆弹性好，抗倒和抗寒性较好。慢条锈病，中感白粉病、高感叶锈病、赤霉病和纹枯病	2017年推广383万亩，比2016年增加350万亩	适播期10月上旬，亩适宜基本苗18万～22万。注意防治蚜虫、叶锈病、赤霉病等病虫害
衡4399	河北省农林科学院旱作农业研究所	中晚熟高产，抗倒伏性较好、抗寒性中等。中感条锈病、叶锈病和白粉病	河北省冀中南水地区试对照，近5年面积均在150万亩以上，其中2017年推广172万亩	适播期10月中上旬，亩适宜基本苗18万～22万，秸秆还田地块适当增加播量。注意防治蚜虫、条锈病、叶锈病和白粉病等病虫害
鑫麦296	山东鑫丰种业有限公司	晚熟高产，冬季抗寒性较好、茎秆粗壮、弹性较好。抗倒性较好。中抗条锈病和白粉病，高感叶锈病、赤霉病和纹枯病	2017年推广155万亩，比2016年增加155万亩	适播期10月中上旬，亩适宜基本苗15万～20万。注意防治蚜虫、条锈病、叶锈病等病虫害
良星77	山东良星种业有限公司	中熟高产，抗寒抗倒，叶锈病近免疫，中抗条锈病，中感白粉病和纹枯病，高感赤霉病	2017年推广148万亩，与2016年相当	春季早管理，提高成穗率。注意防治纹枯病和赤霉病等病虫害
泰农18	泰安市泰山区瑞丰作物育种研究所/山东农业大学农学院	中熟高产，抗倒伏性较好。中抗赤霉病，中感白粉病和纹枯病，高感条锈病和叶锈病	2017年推广137万亩，与2016年相当	适播期10月上旬，亩适宜基本苗15万～18万。注意防治条锈病、叶锈病和白粉病

（续表）

品种名称	选育单位	优缺点	种植面积变化情况	推广区域种植建议及风险提示
石农086	石家庄市大地种业有限公司	中熟高产，抗倒伏性较好，抗寒性较好。免疫白粉病，叶锈病，高抗条锈病	2017年推广109万亩，与2016年相当	适播期10月上旬，亩适宜基本苗18万~22万。注意防治蚜虫，赤霉病，叶锈病和纹枯病等病虫害
石4366	石家庄市农林科学研究院	中熟高产，抗倒伏性较好。抗寒性一般。中抗叶锈病，高感条锈病和白粉病	2017年推广56万亩	适播期10月上旬，亩适宜基本苗18万~20万。播前药剂拌种防治地下害虫及黑穗病；注意防治麦蚜，条锈病和白粉病等病虫害
藁优2018	河北藁城市农业科学研究所	中熟优质中强筋，籽粒较饱满，抗倒性强，高抗叶锈病，中感条锈病和白粉病	2017年推广48万亩，与2016年相当	适播期10月1日至15日，亩适宜基本苗18万~22万。注意控制群体，防止倒伏。后期注意防治蚜虫和白粉病
藁优5218	石家庄市藁城区农业科学研究所	中早熟中强筋，籽粒较饱满，抗寒性一般。中感条锈病，高感白粉病	2017年推广42万亩，与2016年相当	适播期10月5日至10日，亩适宜基本苗20万~22万。注意防治白粉病
晋麦84	山西省农业科学院棉花研究所	晚熟高产，抗倒性和抗寒性较好。条锈病免疫，中感叶锈病和白粉病	2017年推广28万亩，与2016年相当	适播期9月底至10月初，亩适宜基本苗20万左右。适时喷施粉锈宁，防治白粉病

表5-4 黄淮南片水地推广面积前15位的主导品种和5个苗头品种表现

品种名称	选育单位	优缺点	种植面积变化情况	推广区域种植建议及风险提示
百农207	河南百农种业有限公司/河南华冠种业有限公司	半冬性中晚熟，冬季抗寒性和耐倒春寒能力中等，耐后期高温能力较强。高感叶锈，赤霉，白粉和纹枯病。	2017年推广面积1590万亩，相当当前第一大品种，黄淮南片当前第一大品种，面积上升很快	适播期10月8日至20日，亩适宜基本苗12万~20万。注意防治纹枯病，白粉病和赤霉病等病虫害
周麦27	周口市农业科学院	半冬性中晚熟，冬季抗寒性较好，抗倒春寒能力一般，抗倒伏性中等。高感条锈病，白粉，赤霉，纹枯病，中感叶锈病	2017年推广978万亩，黄淮南片当前第二大品种，面积上升很快	适播种期10月10日至25日，亩适宜基本苗15万~20万。注意防治条锈病，白粉病，纹枯病，赤霉病等病虫害

（续表）

品种名称	选育单位	优缺点	种植面积变化情况	推广区域种植建议及风险提示
中麦895	中国农业科学院作物科学研究所/中国农业科学院棉花研究所	半冬性多穗型中晚熟，冬季抗寒性和抗倒春寒能力中等，抗倒伏性中等，耐后期高温能力强，灌浆速度快。中抗条锈病，高感叶锈、白粉病，纹枯和赤霉病	2017年推广675万亩，较2016年增加71万亩，推广面积持续增加	适播期10月上中旬，亩适宜基本苗12万～18万。入冬时浇越冬水，返青至拔节期适当轻水控肥。注意防治蚜虫、条锈病、白粉病、纹枯病、赤霉病等病虫害
烟农19	烟台市农业科学院	半冬性中晚熟优质中强筋，抗旱性和抗寒性较好。中感赤霉病和纹枯病，高感叶锈、感白粉病	2007年至今累计推广超过1亿亩，其中2017年638万亩，呈不断下降趋势	适播期10月上中旬，亩适宜基本苗12万～15万。施足底肥，保证苗齐、苗匀、苗壮，浇好越冬水；春季第一水可推迟到拔节后期或蕰蘖期。防控倒伏风险
郑麦7698	河南省农业科学院小麦研究中心	半冬性多穗型中晚熟，抗倒春寒能力一般，抗倒伏性中等。慢条锈病，高感叶锈病、白粉病，纹枯病和赤霉病	2017年推广576万亩，呈下降趋势	适播期10月上中旬，亩适宜基本苗12万～20万。注意防治白粉病、纹枯病和赤霉病等病虫害
郑麦379	河南省农业科学院小麦研究所	半冬性中晚熟，冬季抗寒性较好。慢条锈病，高感叶锈病、白粉病、赤霉病和纹枯病	2017年推广485万亩，呈上升趋势	适播期10月上中旬，亩适宜基本苗15万～20万。注意防治叶锈病、白粉病、纹枯病和赤霉病等病虫害
百农AK58	河南科技学院	半冬性中晚熟，抗寒性和抗倒伏性好，耐湿害和高温危害。抗干热风能力强。高抗条锈病、白粉病和秆锈病，高感纹枯病、高感叶锈病和赤霉病	2007年至今累计推广超过1.8亿亩，其中2017年470万亩，比2016年减少211万亩，呈下降趋势	适播期10月上中旬，亩适宜基本苗12万～16万，注意防治叶锈病和赤霉病
郑麦583	河南省农业科学院小麦研究中心	半冬性中晚熟，冬季抗寒性较好，抗倒伏能力一般。中抗叶枯病，中感白粉病、条锈病和纹枯病，高感叶锈病、赤霉病	2017年推广292万亩，比2016年增加152万亩	适播期10月上中旬，亩适宜基本苗12万～16万，春季管理应推迟，适当控制群体，防止后期倒伏。抽穗至灌浆期结合进行"一喷三防"。注意防治蚜虫

（续表）

品种名称	选育单位	优缺点	种植面积变化情况	推广区域种植建议及风险提示
淮麦33	江苏徐淮地区淮阴农业科学研究所	半冬性中晚熟，冬季抗寒性较好，耐倒春寒能力中等，茎秆弹性好，抗倒伏。高感白粉病、高感赤霉病，叶锈病、纹枯病	2017年推广287万亩，比2016年增加133万亩	适播期10月上中旬，苗适宜基本苗12万~20万，注意防治叶锈病、纹枯病、赤霉病
周麦22	河南省周口市农业科学院	半冬性中晚熟，冬季抗寒性较好，抗倒伏能力强。高抗条锈病、中抗叶锈病，中感白粉病和纹枯病、高感赤霉和秆锈病	2017年推广251万亩，比2016年减少328万亩	适播期10月上旬，每亩适宜基本苗10万~14万。注意防治赤霉病
西农979	西北农林科技大学	半冬性早熟强筋，冬季抗寒性好，抗倒伏能力差，抗倒伏能力中等，不耐后期高温。中抗条锈病、中感秆锈病和纹枯病、赤霉病，叶锈病和白粉病	2007年至今累计推广超过1.4亿亩，其中2017年推广789万亩，比2016年减少350万亩	适播期10月上中旬，苗适宜基本苗12万~18万。注意防治叶锈病、白粉病，纹枯病和赤霉病
新麦26	河南省新乡市农业科学院/河南敦煌种业新科种子有限公司	半冬性中熟强筋，冬季抗寒性较好、抗倒伏能力一般。中抗纹枯病、抗倒伏能力较弱，中感条锈病、高感白粉病和赤霉病，慢叶锈病	2017年推广274万亩，比2016年增加181万亩	适播期10月8日至15日，每亩适宜基本苗18万~22万。注意防治白粉病、赤霉病
郑麦9023	河南省农业科学院小麦研究所/西北农林科技大学	春性早熟中强筋，抗寒性较差，耐后期高温。中抗条锈病，中感叶锈病和赤霉病，高感白粉病和纹枯病	2017年本麦区推广203万亩，与2016年相当	注意适期晚播防止冻害。适播期10月15日至25日，苗适宜基本苗15万~20万；注意防治白粉病、纹枯病和赤霉病等病虫害，及时收获；防止穗发芽
丰德存麦5号	河南丰德康种业有限公司	半冬性中晚熟强筋，冬季抗寒性较好，耐高温能力中等，抗倒伏性中等。慢条锈病，中感叶锈病和白粉病，高感赤霉病和纹枯病	2017年推广159万亩	适播期10月中旬，苗适宜基本苗12万~18万，注意防治赤霉病和纹枯病，高水肥地注意防倒伏

（续表）

品种名称	选育单位	优缺点	种植面积变化情况	推广区域种植建议及风险提示
郑麦366	河南省农业科学院小麦研究所	半冬性早中熟强筋，冬季抗寒性好，抗倒春寒能力强，抗倒伏性好，不耐干热风。高抗条锈病和秆锈病，中感赤霉病，高感叶锈病和纹枯病。田间高感叶枯病	2017年推广84万亩，比2016年减少78万亩	适播期10月10日至25日，每亩适宜基本苗12万～16万。注意防治叶枯病、纹枯病和赤霉病
泉麦890	河南开泉农业科学研究所有限公司	半冬性中晚熟，耐倒春寒能力较好，茎秆粗壮，较抗倒伏。中抗叶锈病，中感条锈病、高感白粉病、赤霉病和纹枯病	苗头品种	适播期10月上中旬，苗适宜基本苗12万～18万。注意防治蚜虫、条锈病、白粉病、赤霉病和纹枯病等病虫害
天益科麦5号	安徽华成种业股份有限公司	半冬性中晚熟，耐倒春寒能力中等，较抗倒伏。中感赤霉病、高感条锈病、白粉病、叶锈病和纹枯病	苗头品种	适播期10月上中旬，适宜基本苗12万～20万。注意防治蚜虫、条锈病、叶锈病和白粉病等病虫害
丰德存麦12	河南丰德康种业有限公司	半冬性中晚熟，耐倒春寒能力一般，茎秆弹性较好，节水耐旱性较好。慢条锈病，中感叶锈病、赤霉病、纹枯病	苗头品种	适播期10月上中旬，苗适宜基本苗12万～18万。注意防治蚜虫、条锈病、纹枯病和白粉病等病虫害
西农511	西北农林科技大学	半冬性晚熟强筋，耐倒春寒能力中等，茎秆弹性较好，抗倒伏性好。中抗条锈病、中感叶锈病，高感白粉病、纹枯病、赤霉病	苗头品种	适播期10月上中旬，苗适宜基本苗12万～20万。注意防治蚜虫、白粉病、叶锈病、纹枯病等病虫害
周麦36	周口市农业科学院	半冬性中晚熟中强筋，耐倒春寒能力中等，茎秆硬，抗倒伏性好。高抗条锈病和叶锈病，高感白粉病、赤霉病、纹枯病	苗头品种	适播期10月上中旬，苗适宜基本苗15万～22万。注意防治蚜虫、白粉病、纹枯病、赤霉病等病虫害

表5-5 黄淮旱地推广面积前8位的主导品种表现

品种名称	选育单位	优缺点	种植面积变化情况	推广区域种植建议及风险提示
中麦175	中国农业科学院作物科学研究所	抗旱性一般，抗倒伏能力强。中感叶病，慢条锈病，高感白粉病和黄矮病	2017年推广203万亩，比2016年增加19万亩	注意防控白粉病等风险
晋麦47	山西省农业科学院棉花研究所	抗旱性中等，冬季抗寒性好，稳产广适，籽粒外观商品性好	2017年推广90万亩，与2016年相当	注意防控倒伏、条锈病、白粉病和穗发芽等风险
西农928	西北农林科技大学	抗倒伏性一般，抗倒春寒能力中等。中抗至中感条锈病，慢叶锈病，黄矮病和白粉病	2017年推广62万亩，比2016年增加37万亩	注意防控倒伏和白粉病等风险
洛旱6号	洛阳农林科学院	抗旱性和抗倒伏性中等，抗倒春寒能力较差。中感黄矮病，中感至高感叶锈病和秆锈病，高感条锈病和白粉病	2017年推广45万亩，与2016年相当	注意防控倒春寒和条锈病等风险
长6359	山西省农业科学院谷子研究所	中晚熟，秆质较软，抗倒性较差，抗寒性中等。中感白粉病和黄矮病，高感条锈病，叶锈病和秆锈病	2017年推广41万亩，比2016年增加15万亩	综合抗病性差，注意防控
运旱20410	山西省农业科学院棉花研究所	中熟，籽粒较饱满，抗倒性中等，抗旱性中等。高感条锈病，叶锈病、白粉病、黄矮病、秆锈病	2017年推广35万亩，比2016年减少15万亩	控制群体，防止倒伏。综合抗病性差，注意防控
烟农21号	烟台市农业科学院	中熟，抗倒伏性中等，籽粒粒饱满度好。中抗条锈病，叶锈病，轻感白粉病	2017年推广34万亩	适播期9月25日至10月5日，亩适宜基本苗15万左右；春季抓好划锄保墒，充分利用下雨时追肥，增施磷、钾肥，增强抗倒力；及时防治病虫害
长旱58	陕西省长武县农业技术推广中心	中晚熟，抗倒性一般，抗青干能力强，抗倒春寒能力较差，抗旱性中等。高抗条锈病，中感黄矮病，高感叶锈病	2017年推广21万亩，与2016年相当	抗倒春寒能力差，成熟晚，注意防控，并及时防治叶锈病

表5-6　长江上游推广面积前8位的主导品种表现

品种名称	选育单位	优缺点	种植面积变化情况	推广区域种植建议及风险提示
川麦104	四川省农业科学院作物研究所	抗倒伏能力较强。高抗条锈病，中感白粉病和纹枯病，高感叶锈病和赤霉病	2013年被推荐为四川主导品种，2015年被推荐为国家主导品种。2017年推广180万亩，与2016年相当	适播期10月下旬至11月上旬，苗适宜基本苗15万～18万；套作田适宜基本苗8万～10万。肥力低田块以高基本苗为宜，较高肥水条件下适当控制播种密度。播前7～10天和苗后12月上旬化学除草，后期"一喷多防"
绵麦367	四川省绵阳市农业科学院	穗发芽重。慢条锈病，高抗白粉病，中感赤霉病和叶锈病	2017年推广119万亩，比2016年减少50万亩	适播期10月23日至11月5日，苗适宜基本苗14万～16万。注意防治蚜虫，条锈病、赤霉病
川麦42	四川省农业科学院作物研究所	生产上倒伏时有发生。高抗条锈病，中抗白粉病，感赤霉病	2017年推广88万亩，比2016年增加19万亩	适播期10月23日至11月5日。苗适宜基本苗12万～14万。防除田间杂草及湿害，及时防治蚜虫，注意防治白粉病，多雨年份注意防治赤霉病；叶锈病常发、重发区注意防治叶锈病
西科麦4号	西南科技大学	免疫叶锈病，高抗条锈病，高感白粉病和赤霉病	2017年推广88万亩，与2016年相当	霜降至立冬播种，苗适宜基本苗12万～14万，适宜在较高肥水条件下种植
内麦836	四川省内江市农业科学院	中熟，茎秆弹性好，抗倒性好。条锈病、白粉病免疫，慢叶锈病，中感赤霉病	2017年推广68万亩，比2016年减少22万亩	适播期10月28日至11月10日播种，苗适宜基本苗12万～14万，适宜在较高肥水条件下种植
绵麦51	绵阳市农业科学研究院	弱筋，分蘖力较强，穗层整齐，籽粒较饱满。高抗白粉病，慢条锈病，高感赤霉病和叶锈病	四川省主导品种。2017年推广62万亩，与2016年相当	适播期10月底至11月初，苗适宜基本苗14万～16万。注意防治蚜虫，条锈病、赤霉病，叶锈病等病虫害
川农27	四川农业大学	分蘖力强，穗层整齐，籽粒饱满。高抗条锈病，中感赤霉病，高感白粉病	2017年推广58万亩，比2016年增加15万亩	适播期10月下旬，苗适宜基本苗10万～15万。注意排湿除草，加强防治蚜虫和赤霉病
云麦53	云南省农业科学院粮食作物研究所	分蘖力强，茎秆坚实，耐肥抗倒。高抗条锈病，叶锈病、秆锈病、白粉病	2017年推广24万亩	适播期10月20日至25日，加强肥水管理，适时灌水3～4次；分蘖期追施尿素15kg，拔节期追施尿素10kg

表5-7　长江下游推广面积前10位的主导品种表现

品种名称	选育单位	优缺点	种植面积变化情况	推广区域种植建议及风险提示
郑9023	河南省农业科学院小麦研究所/西北农林科技大学	春性早熟中强筋，抗寒性差，耐后期高温。中抗条锈病、中感叶锈病和赤霉病，高感白粉病和纹枯病	年推广面积600万亩以上，累计推广超过1亿亩。2017年推广622万亩，比2016年减少137万亩	适播期10月25日至11月5日，亩适宜基本苗20万～25万；适期晚播防止冻害。注意防治白粉病、纹枯病和赤霉病；后期及时收获，防止穗发芽
宁麦13	江苏省农业科学院粮食作物研究所	春性中熟，抗寒性差，抗倒伏性较差。中感赤霉病、中感白粉病、高感条锈病、叶锈病和纹枯病	2017年推广521万亩，与2016年相当	适播期10月25日至10月底，亩适宜基本苗15万。拔节期防治纹枯病，并确保扬药液淋到茎基部发病部位。抽穗扬花期防治赤霉病、白粉病和锈病
扬麦16	江苏里下河地区农业科学研究所	春性中晚熟，抗倒伏性一般。中感赤霉病、高感条锈病、锈病和纹枯病	2007年至今累计推广超过4 000万亩，其中2017年推广197万亩，比2016年减少188万亩	适播期10月下旬至11月上旬，亩适宜基本苗16万左右。田间三沟配套，防涝降渍。秋播及早春阶段搞好化除，以控制杂草滋生危害。注意防治白粉病、赤霉病、纹枯病和蚜虫
扬麦20	江苏里下河地区农业科学研究所	春性早中熟弱筋。中感白粉病和赤霉病、高感条锈病、叶锈病和纹枯病	2017年推广192万亩，比2016年减少32万亩	适播期10月下旬至11月上旬，亩适宜基本苗16万苗左右。亩施纯氮14kg，注意防治条锈病、叶锈病、赤霉病、黄花叶病毒病
扬辐麦4号	江苏里下河地区农业科学研究所	晚熟，抗倒伏能力较强，高抗穗发芽。高抗赤霉病、中抗赤霉病，感花叶病，感纹枯病和白粉病	2017年推广178万亩，比2016年增加46万亩	适播期10月25日至11月5日，亩适宜基本苗16万。亩施纯氮17.5kg，配施磷、钾肥。田间沟系配套，防止明渍暗渍。冬前科学早春及时化学除草，注意防治纹枯病、白粉病、赤霉病病和蚜虫

品种名称	选育单位	优缺点	种植面积变化情况	推广区域种植建议及风险提示
扬麦23	江苏里下河地区农业科学研究所	春性强筋，分蘖力强，籽粒较饱满。中感赤霉病，高感白粉病、条锈病、叶锈病、纹枯病	2017年推广153万亩，比2016年增加46万亩	适播期10月下旬至11月上旬，亩适宜基本苗16万左右。注意防治赤霉病、条锈病、叶锈病、白粉病，纹枯病和蚜虫等病虫害
襄麦25	襄樊市农业科学院	弱春性，分蘖力较强，熟相较好，抗倒性一般。中感赤霉病、条锈病、白粉病和纹枯病	审定以来累计推广600余万亩，其中2017年推广106万亩，与2016年相当	适播期鄂北10月18日至10月28日、鄂东及江汉平原10月28日至11月7日，不宜过早，亩适宜基本苗12万～16万。配方施肥，注意清沟防渍。五叶一心期看苗适量喷施多效唑。注意防治病虫害。适时收获
扬麦15	江苏里下河地区农业科学研究所	春性，分蘖力中等，熟相较好，抗倒性较好。中感纹枯病、白粉病，高感叶锈病、条锈病、赤霉病和秆锈病	2017年推广102万亩，比2016年减少12万亩	适播期10月下旬至11月初，亩适宜基本苗16万左右，晚播适当增加播量。亩施纯氮12kg，增施磷钾肥。注意防治赤霉病、纹枯病，白粉病和蚜虫
扬麦13	江苏里下河地区农业科学研究所	春性弱筋，分蘖力中等，耐湿，熟相较好。高抗白粉病，中抗纹枯病，耐赤霉病	2017年推广97万亩，与2016年相当	适播期10月下旬至11月初，亩适宜基本苗16万左右，晚播适当增加播量。注意防治赤霉病和蚜虫
先麦8号	河南先天下种业有限公司	偏春性，中熟，分蘖力中等，熟相一般。高抗条锈病，中感赤霉病、白粉病和纹枯病	河南信阳推广面积大的品种，2017年推广85万亩，比2016年增加27万亩	适播期10月下旬，不宜早播，亩适宜基本苗15万～20万。注意清沟防渍，控旺促壮；看苗化控，防止倒伏。抽穗扬花初期至灌浆中期1～2次"一喷三防"，重点防治赤霉病和白粉病。适时收获，防止穗发芽

表5-8 东北春麦推广面积前3位的主导品种和3个苗头品种表现

品种名称	选育单位	优缺点	种植面积变化情况	推广区域种植建议及风险提示
龙麦35	黑龙江省农业科学院作物育种所	强筋,抗倒伏性好。杆锈病免疫,慢叶锈病和白粉病	本区当前第1大品种,2017年推广127万亩,比2016年增加113万亩	适时播种,亩适宜基本苗43万~45万。注意防治赤霉病、根腐病、白粉病、叶锈病等病虫害
龙麦33	黑龙江省农业科学院作物育种所	强筋,抗倒伏性好。中抗杆锈病,高抗叶锈病,中感根腐病,高感赤霉病	本区当前第2大品种,2017年推广112万亩,比2016年增加36万亩	适时播种,亩适宜基本苗46万~50万,氮、磷、钾配合施用。注意防治赤霉病和根腐病
垦九10号	黑龙江省农垦总局九三科学研究所	高产,抗倒伏性较差。叶锈病免疫,高感条锈病、赤霉病和根腐病	本区当前第3大品种,2017年推广58万亩,比2016年增加18万亩	适时早播,亩适宜基本苗40万。亩施化肥20kg,氮、磷、钾配合施用。注意防治条锈病、赤霉病和根腐病
龙麦39	黑龙江省农业科学院作物育种研究所	强筋。高抗或免疫杆锈病,中感赤霉病,中感根腐病	苗头品种	适播期3月下旬至4月上旬,亩适宜基本苗43万左右。三叶期叶期镇压1遍,三叶期除草,及时防治赤霉病。三叶至抽穗至扬花期结合防病喷施氮钾肥,及时收获,防止穗发芽
克春8号	黑龙江省农业科学院克山分院	植株高。叶锈病和杆锈病免疫,慢条锈病,中感赤霉病,高感白粉病	苗头品种	适播期5月上中旬,亩适宜基本苗43万左右。注意防控赤霉病、根腐病、白粉病

表5-9 西北春麦推广面积前8位的主导品种表现

品种名称	选育单位	优缺点	种植面积变化情况	推广区域种植建议及风险提示
宁春4号	宁夏永宁县良种场	高产稳产,抗逆抗病性好,灌浆快	本区第一大品种,2007年至今累计推广4500万亩,其中2017年313万亩,比2016年减少52万亩	亩适宜基本苗35万~38万。全生育期灌溉四次。5月上中旬结合药剂除草喷乐果,6月上中旬再喷1次乐果,以消灭蚜虫、叶蝉、飞虱等害虫。防治黄叶病和丛矮病危害

（续表）

品种名称	选育单位	优缺点	种植面积变化情况	推广区域种植建议及风险提示
新春6号	新疆农业科学院核技术生物技术研究所	早熟抗旱，抗倒伏能力强，耐干热风。中抗条锈病、叶锈病和白粉病	本区第2大品种，2007年至今累计推广1 200万亩，其中2017年101万亩，比2016年减少16万亩	早春早播，苗适宜基本苗39万左右
宁春16	宁夏农林科学院农作物研究所	抗倒伏性一般，灌浆速度快，抗青干。抗条锈病和白粉病，轻感赤霉病	2017年推广面积68万亩，比2016年增加34万亩	苗适宜基本苗30万～35万。全生育期灌水3～4次，特别注意灌好末水，以防倒伏。中耕除草，拔节期和油菜后期及时防治蚜虫危害
宁春15号	宁夏农林科学院农作物研究所	抗倒伏性好，抗青干能力强。高抗条锈病，中感叶锈病、赤霉病和白粉病	2017年推广48万亩，近10年种植面积比较稳定	适时早播，苗适宜基本苗40万左右。灌水4～5次，及时防蚜灭虫，适时收获
新春11号	新疆石河子大学	植株较矮，抗倒伏能力强。分蘖力及分蘖成穗率中等。高抗白粉病和锈病	2017年推广面积39万亩，较2016年减少33万亩	适期早播，苗适宜基本苗42万左右。后期高温地区应适当推迟停水时间
新春37号	新疆农业科学院核技术生物技术研究所	分蘖力强。综合抗病性较好	2017年推广34万亩，较2016年增加34万亩	适期早播，合理密植，加强肥水管理，第一水应在2.5叶至3叶期，第二水3.5叶至4叶期。及时防治病虫害，及时收获
宁春50号	宁夏农林科学院农作物研究所/中国农业科学院作物科学研究所	分蘖力较强，较抗倒伏，耐青干，灌浆速度较快。中抗锈病，中抗白粉病	2017年推广30万亩，较2016年增加8万亩	适播期2月底至3月初，综合防治白粉病，锈病，蚜虫，抽穗期喷施磷酸二氢钾，喷施叶面微肥，促进小麦籽粒灌浆，防止早衰。适时收获
新春26号	新疆农业科学院核技术生物技术研究所	秆硬，抗倒伏。综合抗病性好	2017年新增，推广25万亩	适播期3月中下旬至4月初。苗适宜基本苗40万左右。全生育期灌水6～7次，头水在二叶一心期进行。适时收获

第六章
全国小麦产业发展趋势与展望

一、引导品种选育方向，满足新时代品种需求

优质专用、节水、节肥及抗病抗逆等品种数量不足，提质增效类型品种欠缺，尚不能满足当前和未来生产及市场需求。优质强筋品种数量少、面积小，黄淮麦区的新麦26、郑麦366、师栾02-1等强筋品种，长江中下游的扬麦20等弱筋品种，春麦区的宁春4号、龙麦35、龙麦33等强筋品种虽然得到一定程度的发展，但大部分品种种植规模小，管理粗放，追求产量而忽视品质，效益不足，生产出的商品小麦亦难以达到优质强筋和弱筋标准。

绿色高效品种类型缺乏。我国小麦主产区土壤类型、气候条件、耕作制度、生产水平等因素地区之间差异大，在小麦生产过程中北旱、南涝、霜冻、倒春寒、暴风雨、干热风、病虫草害发生频繁且危害严重，生产上迫切需要肥水高效利用、综合抗病抗逆性突出的品种。以前品种审定过程中缺少相应性状鉴定和评价机制，如节肥、节水、适合早播、耐晚播等特性，均缺少评价标准和鉴定手段，致使品种推广使用过程中存在盲目性。

因此，在保障口粮安全的前提下，需要积极推进农业供给侧结构性改革，加快新型经营主体与小农户的有机衔接，以效益为导向，引导培育和筛选推广优质专用、绿色高效、生态安全、适合机械化和轻简化生产要求的小麦新品种，全面提升国产小麦质量、效益和市场竞争力，以满足发展绿色高效品牌粮食的品种需求。

二、加强种质资源创新，实现遗传改良新突破

系谱分析发现，黄淮麦区推广品种的骨干亲本主要来自于烟农、济麦、淮麦、周8425B

衍生周麦系列品种，长江中下游育成品种骨干亲本主要来自于南大2419选育的扬麦158等和日本西风育成的宁麦9号等。这些品种多来自改良品种间相互杂交，缺少新的突破性新种质的引入，遗传基础狭窄，同质化现象较严重。

因此，加强种质资源的引进、创新和利用已成为育种的焦点。而随着全球气候变暖和生产水平的提高，水肥条件改善、秸秆大面积还田，春霜冻、干热风、倒伏、穗发芽、条锈病、叶锈病、赤霉病等自然灾害和病害呈多发重发态势，对生产造成严重威胁，赤霉病发生不断向北扩展，对小麦生产造成严重威胁。针对赤霉病、穗发芽和倒春寒等重大病害灾害，加强种质资源的引进、创新和利用，加大政策及资金支持和科技创新支持力度，加快新技术在小麦育种中的应用，培育更加符合市场需求的优质多抗高产广适突破性新品种。

三、加大科研与推广投入，强化机制创新

坚持常规作物国家为投入主体，科研院校为研发主体，政府农技服务体系和公司为推广主体的方针政策，加大政府在政策、资金、资源等方面对种业的配套扶持力度，加快育繁推一体化种业企业培育。制定科企合作政策，创新、优化合作方式，以政策引导科研单位科技骨干人员到种子企业开展技术服务，充分发挥科技骨干人员作用，积极推动科技合作。从政府层面组织联合攻关，建立科企合作交流平台，为企业获得科技新成果提供政策与资金支持，提升种业创新能力，促进体制机制创新，促进科企合作和政产学研用联盟建设。通过技术创新、有效服务小麦产业健康发展。通过集成应用，提高小麦产业科技贡献率。

建议以效益为导向，鼓励种子企业与新型经营主体、种粮大户、龙头加工企业、粮食部门、保险行业多方位合作，积极开展订单农业，发挥面食消费导向作用，提供优质专用小麦总体解决方案和全产业链服务，降低生产风险，发展品牌意识，带动农户发展。利用订单农业，规模化生产，实施以销定产，统一供种，带动小麦种子市场经营，以适应供给侧结构性改革要求，满足消费者对高端面制品的需求。

四、加强种业支持力度，打造世界种业强国

我国虽是种子大国，但不是种业强国，存在大产业与小作坊的矛盾，与国际跨国种子企业相比，中国种子企业多、小、散、乱的现象依然存在。新种子法拓宽了品种审定渠道，出现了品种井喷现象；但企业总体规模较小，产业集中度不高，为了满足市场、扩大营收需求，经营品种数量增加，单个品种的经营量难以摊销育种成本，造成企业经营越来越困难，竞争力进一步弱化。且小麦属常规种子，套牌侵权现象突出；国内小麦价格长期高于世界小麦价格，使得我国小麦进口势头强劲；尽管近年国家的惠农政策很多，但是由于农资成本和

劳动力成本持续走高，生产成本增高，种粮比较效益持续下滑，造成农民用种换种的积极性下降。

因此，必须加强植物新品种权保护，参照巴西、美国，欧洲一些国家模式，加大育种材料和成果等知识产权保护，积极探讨知识产权保护新方法、新途径，保护小麦种业市场稳定健康发展，保障小麦种子企业切身利益。逐步解决市场串换种子、侵犯知识产权等重大问题。

五、完善种业管理体系，确保良种生产与供应

依法治种，完善制度，加快品种推广利用信息化建设步伐。促进种子协会的组织建设和业务服务能力的提升，进一步加强种子协会的企业现状调研和产业发展调研工作，为政府制定产业政策，企业制定战略发展规划，解决企业发展中的实际问题，并提供有效帮助和服务。

建议农业主管部门根据发展规划，大力扶持小麦良种繁育基地建设，确保种子生产能力和供应能力稳定。以规模化、标准化、机械化、集约化为目标，完善良种繁育基地体系，建立稳定的高标准种子田，保障用种安全。

第三部分　玉　米

第 七 章
2017年我国玉米品种总体概况

　　玉米是我国最重要的粮食作物之一。种植面积（2007年）和总产量（2012年）分别超过水稻，成为名副其实的第一大作物。我国玉米生产分布广泛，玉米种植的优势区域主要分布在东北经黄淮海向西南西北延伸的广阔地区，主要包括东华北春玉米区、黄淮海夏玉米区、西南山地玉米区和西北旱地玉米区。2016年以前，我国玉米生产发展迅速，种植面积和总产量都持续增长，至2015年种植面积达到历史最高峰5.72亿亩。2016年开始，随着农业产品结构调整和供给侧改革的不断推进和深化，种植面积有所下降，2016年和2017年分别为5.51亿亩和5.32亿亩，依然保持着粮食稳产增产主力军和第一大粮食作物的地位（图7-1）。

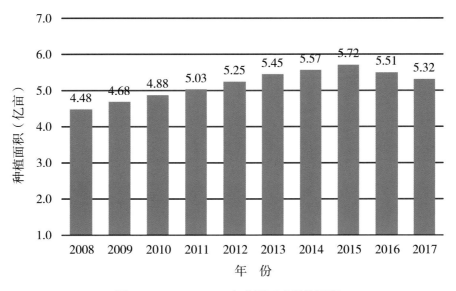

图7-1　2008—2017年全国玉米种植面积

一、2017年我国玉米生产概况

（一）玉米面积和产量下降，单产水平提高

在农业供给侧结构调整政策推动下，2017年我国玉米种植面积和总产量均有所下降。其中种植面积为5.32亿亩，比2016年减少1 984万亩，下降3.6%；总产量2.16亿t，比2016年减少366万t，下降1.7%；单产6.09t/hm²，比2016年增加2.0%（表7-1）。

（二）饲用玉米需求和工业需求均有所增长

受2017年饲料企业补贴政策影响，一些大型养殖企业在东北建厂，使生猪存栏总体回升、畜禽养殖规模扩大，增加了玉米饲料消费需求。此外，由于玉米小麦价差扩大，小麦饲料用量处于历史最低水平，也导致玉米饲料消费增长。2016/2017年度（2016年10月至2017年9月）玉米饲料消费约1.34亿t，比上年增长3 080万t；受收储制度改革影响，玉米价格大幅降低，加之东北三省一区玉米加工补贴的政策，加工企业开工率和产能均大幅提高。2016/2017年度玉米工业消费约为6 800万t，较上年度增长1 300万t。

由于产量下降而饲料以及工业需求增加，2017年国内玉米供需形势偏紧，价格比2016年提高。2017年新粮上市初期，东北地区新玉米收购均价为1 600元/t，华北地区收购均价为1 800元/t，均比去年同期上涨100元/t。

表7-1 2016—2017年各省玉米推广情况汇总

省份（区、市）	2017年		2016年		2017年较2016年增加	
	推广面积（万亩）	品种数量（个）	推广面积（万亩）	品种数量（个）	推广面积（万亩）	面积比例（%）
黑龙江	7 552	353	9 384	344	−1 832	−19.5
山东	5 369	190	5 565	158	−196	−3.5
吉林	4 620	313	4 823	314	−203	−4.2
河南	4 595	184	4 972	163	−377	−7.6
河北	4 449	310	4 449	310	0	0.0
内蒙古	4 184	370	4 806	435	−623	−13.0
辽宁	2 849	308	3 061	358	−212	−6.9
山西	2 373	204	2 335	187	39	1.7
四川	1 999	294	1 999	276	0	0.0
云南	1 793	305	1 845	307	−52	−2.8
安徽	1 675	134	1 784	117	−109	−6.1

（续表）

省份 （区、市）	2017年		2016年		2017年较2016年增加	
	推广面积 （万亩）	品种数量 （个）	推广面积 （万亩）	品种数量 （个）	推广面积 （万亩）	面积比例 （％）
陕西	1 657	208	1 625	197	31	1.9
甘肃	1 146	96	1 132	84	15	1.3
新疆	1 118	45	1 049	39	69	6.5
贵州	944	227	967	246	−23	−2.4
广西	903	84	916	64	−13	−1.4
湖北	817	133	876	126	−59	−6.8
江苏	695	85	678	63	16	2.4
重庆	681	181	688	182	−7	−1.0
湖南	661	143	711	148	−50	−7.1
宁夏	349	32	381	32	−32	−8.4
天津	256	51	331	46	−76	−22.8
广东	232	80	230	79	2	0.8
浙江	126	50	120	45	6	4.7
福建	68	44	68	40	0	0.0
北京	68	20	92	25	−24	−26.0
青海	34	7	37	8	−3	−6.8
江西	23	18	14	10	9	61.9
上海	2	2	7	4	−5	−68.1

注：数据来源于全国农业技术推广服务中心

二、2017年我国玉米品种推广应用特点

（一）玉米品种推广应用总体特点

我国农业从注重数量为主向数量质量效益并重转变，统筹提升土地产出率、劳动生产率和资源利用率，大力促进农业绿色发展。改变高投入、高消耗、资源过度开发的粗放型发展方式，培育资源高效利用、优质多抗、污染物低吸收、适宜轻简化栽培和全程机械化的玉米新品种是未来的发展方向。从全球和我国玉米产业近几年的现状分析，目前存在供大于求的现象。现有推广品种难以实现高产再高产，适应生产方式转变和提质增效要求、平衡稳定增

产的新品种对玉米产业持续发展提高的支撑后劲仍然不足。2017年玉米品种推广总体上呈现百花齐放、品种多样的特点，从市场推广的品种来看，品种总体水平有所提高，主要向中早熟、耐密类型发展，品种整体抗性有所提高，品种之间差异化程度缩小。但市场上仍然缺乏产量超过郑单958的耐密超高产品种、抵抗逆境胁迫和病虫害的稳产低风险品种、适宜籽粒机收、绿色安全高效及特异功能性市场需求的优质品种。

2017年，玉米品种创新主要集中在优势资源发展一个方向上，品种差异化进一步缩小，生育期向中早熟发展，产量水平相对稳定，商品粮品质有所提高。但同时受商品粮市场影响，科研投入下降，新品种创新动力不足，突破性大品种育成速度缓慢，产量再上新台阶的品种创新储备不足，同质化品种的大面积推广使生产风险进一步加大。

（二）主导品种推广应用情况

2017年全国种植面积500万亩以上的品种7个，有郑单958（3 441万亩）、先玉335（2 526万亩）、京科968（2 016万亩）、登海605（1 427万亩）、浚单20（799万亩）、伟科702（756万亩）、隆平206（587万亩），种植面积11 552万亩，占总面积的21.7%；推广面积100万～500万亩的品种48个，有大丰30、翔玉998、蠡玉16等，推广面积共9 513万亩，占总面积的17.9%；推广面积10万～100万亩的品种921个，有宏硕899、红单6号、通科007等，推广面积共22 810万亩，占总面积的42.9%（图7-2）。

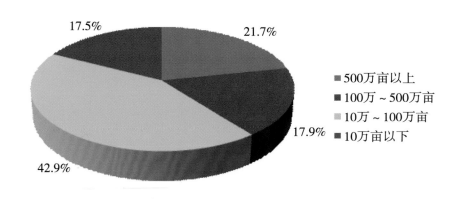

图7-2　2017年玉米品种推广面积占比情况

（三）更新换代速度情况

按照2015—2017年推广面积前30位的品种统计，2012年及以后审定的品种，2017年有11个，比2016年多3个，比2015年多7个；2007—2011年审定的品种，2017年有11个，与2016年相同，比2015年少2个；2006年及以前审定的品种，2017年有8个，比2016年少3个，比2015年少5个（表7-2）。从前10位推广面积较大的品种来看，2000年审定的郑单958近3年始终位于第1位，虽然面积有所减少，但依然维持在3 400万亩以上，2004年审定的先玉335近3年始终位于第2位，面积由2015年的3 735万亩减少到2017年的2 526万亩。一些老品种，如浚单20、中科11号、蠡玉35、农华101、德美亚1号、鑫鑫1号等，面积下降较多，一些新品种，如登海605、联创808、翔玉998等，面积上升较大。由此可见，多抗广适、表现稳定的大品种依然有较强的推广后劲，一些综合性状好的苗头品种已开始占据市场，2017年我国玉米品种更新换代速度明显加快，稳步提高。

表7-2　2015—2017年推广面积前30位品种情况

推广面积排名	2017			2016			2015		
	品种名称	推广面积（万亩）	审定时间	品种名称	推广面积（万亩）	审定时间	品种名称	推广面积（万亩）	审定时间
1	郑单958	3 441	2000	郑单958	3 944	2000	郑单958	4 630	2000
2	先玉335	2 526	2004	先玉335	3 263	2004	先玉335	3 735	2004
3	京科968	2 016	2011	京科968	2 017	2010	浚单20	1 417	2003
4	登海605	1 427	2010	登海605	1 439	2010	京科968	1 242	2011
5	浚单20	799	2003	浚单20	965	2004	德美亚1号	1 093	2004
6	伟科702	756	2010	隆平206	816	2007	登海605	979	2010
7	隆平206	587	2007	德美亚1号	791	2004	隆平206	879	2007
8	大丰30	481	2012	伟科702	742	2010	伟科702	870	2010
9	翔玉998	478	2014	中单909	540	2012	中单909	700	2011
10	蠡玉16	437	2003	蠡玉16	446	2003	绥玉23	490	2011
11	中单909	408	2011	大丰30	409	2012	蠡玉16	477	2003
12	联创808	405	2015	良玉99	372	2012	良玉99	448	2012
13	德美亚1号	396	2004	鑫鑫1号	367	2008	农华101	439	2010
14	良玉99	322	2012	天农九	338	2006	鑫鑫1号	432	2008
15	绥玉23	286	2011	德美亚3号	330	2013	聊玉22号	373	2008
16	德美亚3号	273	2013	沃玉964	290	2014	德美亚3号	333	2013
17	龙单59	271	2010	农华101	275	2010	中科11号	331	2006
18	天农九	260	2006	聊玉22号	275	2008	大丰30	314	2012
19	京农科728	232	2012	龙育9	255	2011	绿单2号	248	2005
20	丹玉405	229	2008	绥玉23	254	2011	蠡玉35	245	2006

（续表）

推广面积排名	2017			2016			2015		
	品种名称	推广面积（万亩）	审定时间	品种名称	推广面积（万亩）	审定时间	品种名称	推广面积（万亩）	审定时间
21	龙单76	225	2014	丹玉405	243	2008	绥玉20	228	2009
22	东农254	222	2009	龙单76	235	2014	天农九	223	2006
23	裕丰303	217	2015	聊玉23号	231	2013	大民3307	223	2008
24	登海618	199	2013	联创808	218	2015	先玉696	222	2006
25	沃玉964	199	2014	农大108	216	1997	绥玉19	218	2008
26	华农887	185	2014	先玉696	208	2006	金海5号	218	2003
27	德单5号	176	2010	金海5号	201	2003	龙单76	215	2014
28	正大12	174	2003	正大999	199	2003	丹玉405	207	2008
29	正大999	174	2003	绿单2号	182	2005	正大999	199	2003
30	鑫鑫1号	170	2008	大民3307	177	2008	农大108	197	1997

注：数据来源于全国农业技术推广服务中心

（四）商业化育种成效

2017年，我国推广面积10万亩以上的玉米品种976个，推广面积43 875万亩，其中企业商业化育成品种730个，推广面积28 911万亩，品种数占74.8%，面积占65.9%，品种数量占比较2016年的71.0%增加3.8%，推广面积占比较2016年的63.7%增加2.2%。推广面积500万亩以上品种7个，推广面积11 552万亩，其中企业商业化育成品种4个，面积5 296万亩，品种数占57.1%，面积占45.8%，品种数量占比较2016年的55.6%增加1.5%，面积占比较2016年的48.6%降低2.8%；推广面积100万～500万亩的品种48个，推广面积9 513万亩，其中企业商业化育成品种30个，面积6 293万亩，品种数占62.5%，面积占66.1%，品种数量占比较2016年的69.5%降低7.0%，面积占比较2016年的72.0%降低5.9%；推广面积50万～100万亩的品种92个，推广面积6 240万亩，其中企业商业化育成品种68个，面积4 707万亩，品种数占73.9%，面积占75.4%，品种数量占比较2016年的67.4%增加6.5%，面积占比较2016年的68.0%增加7.4%；推广面积10万～50万亩的品种829个，推广面积16 570万亩，其中企业商业化育成品种628个，面积12 615万亩，品种数占75.8%，面积占76.1%，品种数量占比较2016年的71.7%增加4.1%，面积占比较2016年的69.9%增加6.2%（表7-3、表7-4）。总的来说，企业商业化育成品种已成为推广中主要品种来源，企业已逐渐成为育种创新的主体。

表7-3　2017年商业化育种品种推广情况

序号	品种名称	推广面积（万亩）	审定时间	序号	品种名称	推广面积（万亩）	审定年份
1	先玉335	2 526	2004	52	蠡玉86	78	2012
2	登海605	1 427	2010	53	宇玉30	78	2013
3	伟科702	756	2010	54	铁研58	76	2011
4	隆平206	587	2007	55	绿单2号	76	2005
5	大丰30	481	2012	56	德美1号	75	2016
6	翔玉998	478	2014	57	五谷1790	74	2010
7	蠡玉16	437	2003	58	正大808	74	2010
8	联创808	405	2015	59	美豫5号	73	2012
9	德美亚1号	396	2004	60	纪元128	72	2007
10	良玉99	322	2012	61	迪卡008	72	2008
11	德美亚3号	273	2013	62	龙辐玉9	72	2014
12	天农九	260	2006	63	38P05	72	2004
13	裕丰303	217	2015	64	翔玉198	71	2015
14	登海618	199	2013	65	路单8号	70	2005
15	沃玉964	199	2014	66	中科玉505	69	2015
16	华农887	185	2014	67	潞玉36	69	2012
17	德单5号	176	2010	68	龙生1号	68	2011
18	正大12	174	2003	69	庆单3号	67	2003
19	正大999	174	2003	70	太玉339	67	2009
20	鑫鑫1号	170	2008	71	强盛369	66	2013
21	金海5号	155	2003	72	滑玉168	66	2015
22	中科11号	148	2006	73	迪卡007	65	2000
23	农华101	146	2010	74	庆单9号	65	2010
24	禾田4号	141	2013	75	先玉047	64	2014
25	先玉696	133	2006	76	延科288	64	2012
26	华农138	132	2011	77	先科338	63	2012
27	蠡玉35	126	2006	78	正大619	62	2000
28	西蒙6号	123	2012	79	登海3622	61	2005

（续表）

序号	品种名称	推广面积（万亩）	审定时间	序号	品种名称	推广面积（万亩）	审定年份
29	蠡玉88	120	2012	80	德美亚2号	61	2008
30	天润2号	113	2010	81	KX3564	60	2006
31	吉农大935	105	2011	82	金凯3号	60	2009
32	新丹336	104	2011	83	强盛388	60	2013
33	大民3307	101	2008	84	郁青九号	60	2006
34	新饲玉13号	100	2007	85	豫禾988	58	2008
35	宏硕899	98	2013	86	屯玉808	58	2011
36	登海9号	94	2000	87	禾田1号	57	2012
37	迪卡517	94	2014	88	先达205	57	2015
38	平安169	92	2013	89	冀农1号	57	2007
39	先达203	91	2014	90	翔玉211	55	2016
40	蠡玉6号	90	2000	91	邦玉339	55	2016
41	先正达408	89	2007	92	郁青1号	54	2002
42	诚信16号	88	2010	93	西抗18	54	2011
43	隆平208	88	2011	94	宏硕313	54	2016
44	鹏玉1号	87	2012	95	蠡玉37	53	2009
45	汉单777	84	2013	96	秦龙14	53	2006
46	康农玉108	84	2011	97	康农玉007	52	2015
47	鑫鑫2号	83	2008	98	良玉66	51	2008
48	豫玉22号	82	2000	99	惠育1号	51	2009
49	优迪919	82	2012	100	五谷704	50	2012
50	中科4号	81	2004	101	靖丰8号	50	2009
51	吉单50	81	2000	102	大德317	50	2015

注：数据来源于全国农业技术推广服务中心，面积50万亩以上

表7-4　2016年商业化育种品种推广情况

序号	品种名称	推广面积（万亩）	审定时间	序号	品种名称	推广面积（万亩）	审定年份
1	先玉335	3 263	2004	54	路单8号	86	2005
2	登海605	1 439	2010	55	滑玉12	84	2007

（续表）

序号	品种名称	推广面积（万亩）	审定时间	序号	品种名称	推广面积（万亩）	审定年份
3	隆平206	816	2007	56	吉农大935	81	2011
4	德美亚1号	791	2004	57	宇玉30	81	2013
5	伟科702	742	2010	58	美豫5号	80	2012
6	蠡玉16	446	2003	59	禾田4号	80	2013
7	大丰30	409	2012	60	迪卡007	80	2000
8	良玉99	372	2012	61	诚信16号	79	2010
9	鑫鑫1号	367	2008	62	蠡玉37	78	2009
10	天农九	338	2006	63	先科338	77	2012
11	德美亚3号	330	2013	64	庆单6	77	2007
12	沃玉964	290	2014	65	平安169	77	2013
13	农华101	275	2010	66	潞玉36	76	2012
14	龙单76	235	2014	67	冀农1号	76	2007
15	联创808	218	2015	68	罕玉5号	72	2010
16	先玉696	208	2006	69	KWS3376	72	2012
17	金海5号	201	2003	70	铁研58	72	2011
18	正大999	199	2003	71	丰垦008	72	2010
19	绿单2号	182	2005	72	裕丰303	69	2015
20	大民3307	177	2008	73	康农玉108	68	2011
21	登海618	174	2013	74	吉单50	67	2000
22	正大12	163	2003	75	津北288	67	2005
23	中科11号	161	2006	76	翔玉198	65	2015
24	华农887	160	2014	77	登海3622	65	2005
25	飞天358	158	2013	78	南北5号	65	2011
26	德美亚2号	144	2008	79	誉成1号	64	2012
27	鹏玉1号	131	2012	80	金凯3号	62	2009
28	中科4号	131	2004	81	良硕88	62	2013
29	鑫鑫2号	129	2008	82	良玉208	59	2010
30	蠡玉35	126	2006	83	隆平208	59	2011
31	蠡玉86	125	2012	84	承玉15	59	2004

（续表）

序号	品种名称	推广面积（万亩）	审定时间	序号	品种名称	推广面积（万亩）	审定年份
32	豫玉22号	123	2000	85	KX9384	62	2004
33	先正达408	123	2007	86	菏玉157	59	2015
34	翔玉998	122	2014	87	恒宇709	58	2011
35	迪卡008	122	2008	88	庆单9号	57	2010
36	蠡玉6号	122	2000	89	东单60	56	2003
37	38P05	120	2004	90	瑞福尔1号	55	2014
38	宏育416	120	2010	91	大丰26号	54	2009
39	西蒙6号	119	2012	92	永研1018	54	2013
40	华农138	114	2011	93	绥单1号	54	2006
41	天润2号	114	2010	94	五谷704	54	2012
42	东单6531	114	2013	95	鹏诚365	54	2014
43	德单5号	110	2010	96	禾田1号	53	2012
44	庆单3号	108	2003	97	荃玉9号	53	2011
45	正大619	107	2000	98	富单2号	53	2009
46	纪元128	106	2007	99	农华106	52	2012
47	豫禾988	99	2008	100	良玉88号	52	2008
48	良玉66	97	2008	101	强盛101号	51	2006
49	登海9号	89	2000	102	青单1号	51	2004
50	蠡玉88	89	2012	103	鸿锐达1号	50	2014
51	KWS2564	89	2005	104	三北89	50	2008
52	正大808	88	2010	105	西抗18	50	2011
53	五谷1790	87	2010	106	久龙14	50	2008

注：数据来源于全国农业技术推广服务中心，面积50万亩以上

（五）种业供给侧改革成效

2017年，各地认真贯彻中央1号文件精神，深入推进农业供给侧结构性改革，按照"藏粮于地、藏粮于技"的发展思路，主动调整农业种植结构，加快优化区域布局，在主要口粮作物稻谷、小麦播种面积保持基本稳定的基础上，调减库存较多的玉米种植，特别是在玉米非优势产区的"镰刀弯"地区大幅度调减玉米播种面积，因地制宜积极发展青贮玉米（表7-5）、鲜

食玉米（表7-6）、杂粮杂豆等作物种植，农业种植结构更加优化。

随着我国种植业结构调整和种业供给侧结构性改革的不断深入，鲜食玉米品种选育和推广发展较快，品种选育向高产、优质、多抗等转变。甜玉米育种已经由前几年的引进、追赶，到现在的品质并进、产量和抗性超越的局面。全国各地从品种管理和推广应用方面，积极引导各级涉农科研院所、高等院校和种业企业在玉米品种选育上朝着高产稳产、绿色优质、特色专用方向发展，加大了鲜食玉米及绿色玉米品种的推广应用。除国家级区试外，全国多数省份开展了鲜食甜糯玉米和青贮玉米试验，促进专用、优质型玉米品种选育和更新换代。鲜食甜糯玉米和青贮玉米面积近年来逐步上升，促进农民增收，农业增效，充分说明农业供给侧结构性改革取得积极成效。

表7-5　2017年全国青贮玉米推广情况汇总

序号	品种名称	推广面积（万亩）	审定时间	序号	品种名称	推广面积（万亩）	审定年份
1	东陵白	109	2004	9	中东青2	10	2010
2	新饲玉13号	100	2007	10	北农青贮208	10	2007
3	新饲玉18号	22	2010	11	西蒙青贮707	10	2013
4	巡青518	19	2006	12	华青28	7	2013
5	东青1号	18	2004	13	巡青938	7	2009
6	群策青贮8号	14	2009	14	雅玉青贮04889	6	2008
7	豫青贮23	12	2008	15	金刚青贮50	5	2007
8	桂青贮1号	10	2013				

注：数据来源于全国农业技术推广服务中心，面积5万亩以上

表7-6　2017年全国鲜食玉米推广情况汇总

序号	品种名称	推广面积（万亩）	审定时间	序号	品种名称	推广面积（万亩）	审定年份
1	西星黄糯958	25	2009	16	华甜玉3号	7	2006
2	京科糯2000	20	2006	17	先甜5号	7	2003
3	新美夏珍	17	2005	18	绿糯1号	7	2009
4	正甜68	15	2009	19	粤甜16号	6	2008
5	垦粘1号	14	1993	20	惠甜9号	6	2015
6	金中玉	14	2008	21	苏玉糯1号	6	1998
7	华美甜168	13	2008	22	粤甜9号	6	2004

（续表）

序号	品种名称	推广面积（万亩）	审定时间	序号	品种名称	推广面积（万亩）	审定年份
8	美玉8号	11	2005	23	美玉糯11号	5	2015
9	华美甜8号	11	2010	24	鄂甜玉4号	5	2007
10	鄂甜玉3号	11	2006	25	银蝶糯106	5	2011
11	美玉3号	10	2005	26	华威甜1号	5	2010
12	桂糯521	9	2011	27	湘甜糯玉1号	5	2009
13	万糯2000	9	2014	28	粤甜22号	5	2014
14	中糯2号	8	2002	29	粤甜20号	5	2012
15	苏玉糯2号	7	2002				

注：数据来源于全国农业技术推广服务中心，面积5万亩以上

（续表）

第八章
当前我国各玉米区推广的主要品种类型表现及风险提示

一、普通玉米

（一）东华北春玉米区

东华北春玉米区分为中早熟、中熟、中晚熟三个区域。

中早熟春玉米区有效积温低，无霜期短，低温冷害发生频繁，生态类型多样，易感丝黑穗病、大斑病、茎腐病、玉米螟等病虫害，推广中应注意选择抗寒、抗病虫品种。当前主推品种为绥玉23、龙单76等生育期120天左右的中早熟品种。

中熟春玉米区处于我国最大的玉米主产区，位于玉米生产"黄金带"核心区，该区是我国主要产粮区，粮食商品化率高，随着现代农业产业升级和种植业结构调整，受栽培条件、投入产出比、机械化水平和其他作物进出口等众多因素的影响，种植面积较快增长。该区域主要病虫害为丝黑穗病、大斑病、茎腐病、玉米螟等，近几年穗腐病趋于多发。个别年份玉米生育中期，低温寡照、干旱，玉米授粉不利，易造成空秆或结实率不好；玉米生长中后期个别年份、地区常遭受强对流天气，倒伏倒折严重。推广中应注意选择抗病虫、抗倒伏、耐高温品种。当前主推品种为先玉335、大丰30等中熟品种。

中晚熟春玉米区属温带湿润、半湿润气候，冬季气候寒冷，夏季气候温暖，是我国农田土壤最为肥沃的地区之一。该区域易感病虫害基本与中熟区相同。推广中的部分品种审定时间已久，如郑单958、先玉335等，抗性、种性降低，选择上慎用或注意采取相应栽培措施；机收品种要重点考虑抗倒性、熟期和收获含水量；大斑病高发区慎选先玉335、大丰30等感病品种。当前主推品种为京科968、先玉335、郑单958等。

根据品种综合表现和区域气候特点，东华北春玉米区比较适宜推广熟期适宜、半硬粒、抗倒抗旱、抗大斑病、抗茎腐病、脱水快、容重高、中密度型品种。2017年推广面积100万亩以上的品种有25个（表8-1）。

（二）黄淮海夏玉米区

黄淮海夏玉米区地势平坦、光热资源丰富，是我国重要的玉米主产区，夏玉米播种面积约1.76亿亩。主推品种为郑单958、登海605等品种。

近年来，黄淮海夏玉米区极端气候天气频繁，受高温、长周期的阴雨寡照、强对流天气影响，对区域内玉米生产造成不同程度的灾害性天气影响。主要表现一是近几年7月、8月，易出现高温干旱天气，易出现不同程度的热害，造成授粉不良、结实率降低，对高温敏感的玉米品种甚至出现空秆、苞叶缩短、严重秃尖等反应，不耐高温热害的品种，由于果穗露顶，有感染穗腐病的风险；二是籽粒灌浆期部分区域出现持续阴雨寡照，造成玉米籽粒灌浆不良、千粒重下降、单产降低等现象；三是台风带来的大风强对流天气，对品种的抗倒伏等逆境抗性产生新的要求，大风导致玉米大量倒伏，玉米植株郁闭不通风，叶部、颈部及穗部病害发生严重。另外，近两年的高温热害，检验了品种的抗热性，先玉335、登海605等美系品种及美系改良种的抗高温热害能力差，而郑单958、浚单20、伟科702等本土黄改系遗传成分较多的品种表现出较好的抗热性与适应性。一般年份，黄淮海区域普通玉米品种，类先玉335品种在雨水大的年份或地区有暴发小斑病和茎腐病的风险；类郑单958品种在南方锈病菌源充足的年份和地区，有流行风险，各病害高发频发区域，应注意选择抗病品种并加强生产管理。

根据品种综合表现和区域气候特点，该区域适宜推广中早熟、抗倒伏、耐高温、抗穗腐病、抗茎腐病、抗锈病、脱水快、容重高、中高密度型品种。2017年推广面积100万亩以上的品种有25个（表8-2）。

（三）西北春玉米区

西北区光热资源丰富，昼夜温差大，是我国光热资源高值区和玉米增产潜力最大区域，也是我国最适宜种植玉米的四大区域之一。该区域常年播种面积在5 800万亩左右，占全国面积的10.5%左右，其中60%面积为雨养旱作玉米，40%为灌溉玉米，种植品种以普通玉米为主，主推品种为先玉335、郑单958、正大12号等。

西北春玉米区生态类型多，干旱是影响玉米生产的第一限制因素，主要病虫害为丝黑穗病、大斑病、茎腐病、红蜘蛛等，推广中注意选择抗旱、抗病虫品种。在矮化病毒病重发区，注意慎用先玉335类品种。大斑病高发区慎选先玉335、大丰30等感病品种。推广中的部分品种审定时间已久，如郑单958、先玉335和正大12等玉米品种，随着生态和品种抗性的变化，应注意合理搭配或采取相应栽培措施。玉米全程机械化生产发展较快，对籽粒机收品种需求强劲，品种选择要重点考虑抗倒性、熟期和收获含水量。

2017年推广面积50万亩以上的品种有6个（表8-3）。

（四）西南春玉米区

西南春玉米区以丘陵山地和高原为主，河谷平原和山间平地占比较小，地形结构复杂，立体气候明显，生产条件各异，耕作制度多样。玉米播种面积9 412.5万亩，与2016年相比，总面积增加266.6万亩。其中，普通玉米8 778.8万亩，占比93.2%，比2016年增加126.2万亩。

大部分地区光照条件较差，雨热同季，穗腐病、纹枯病、大斑病、茎腐病等病害常年发病较重，尤其是对商品玉米品质影响较大的穗腐病和纹枯病，致使本地饲料企业都不愿意收购西南市场的商品玉米，这是西南区玉米种植最大的问题和风险。生产上应注意选择抗病品种，特别是对穗腐病和纹枯病中抗及以上的品种，以提高商品玉米品质。同时，应对2014年以前审定的高感穗腐病的品种向用种者进行风险提示。

2017年推广面积50万亩以上的品种有18个（表8-4）。

（五）东南春玉米区

东南春玉米区光热水资源充沛，雨热同季。该区域玉米总面积有所增加，但普通玉米面积缩减较多，鲜食玉米和青贮玉米发展较快，主要是人民生活水平的提高和膳食纤维的改变促进了鲜食玉米需求量增加，另外养殖业的快速发展带动青贮玉米种植面积扩增。

该区域普通玉米春季播种期，气候多变，雨水较多，常会遇到倒春寒和低温阴雨天气，对播种出苗及一播全苗影响较大，应做好"冷尾暖头"抢晴播种，或适当推迟播种。雨水较多，涝渍害对玉米生长影响较大，应做好排涝防渍工作。春季气温回升，地下害虫冬眠结束，活动频繁，对春玉米苗期生长为害较大，应做好种子包衣或药剂拌种工作，及时防治地下害虫。玉米纹枯病、茎腐病、南方锈病、穗腐病和玉米螟等，对东南区春玉米有不同程度的危害，应做好玉米相关病虫害防治工作。

该区域生产条件较差、生产竞争力不强、产需不平衡，宜选择生育期适中、苞叶松散、抗虫、高抗倒伏的耐密植玉米品种种植。2017年推广面积10万亩以上的品种有12个（表8-5）。

二、特殊类型玉米

（一）鲜食甜、糯玉米

2017年全国各地紧紧围绕"调结构、稳产能、保供给、增效益"，坚持绿色发展理念，在国家农业供给侧改革、镰刀弯地区玉米种植面积调减的大背景下，玉米生产以增产、增效和增收为目标，由过去单一的粮食需求向鲜食、饲料、青贮及加工业等多样化需求转变。全国鲜食玉米继续保持稳定增长趋势，种植效益比往年有较大的提高。据统计，2017年全国推广种植鲜食玉米1 270万亩，其中甜玉米474万亩，糯玉米772万亩，糯加甜玉米24万亩，较2016年有了较大提高。

当前，我国鲜食甜玉米、糯玉米发展比较迅速，南方地区也不再是以甜玉米为主，糯玉米种植规模也越来越大，北方甜玉米也在快速崛起，北方加工企业不仅仅加工糯玉米，甜玉米的加工量也在逐年扩大，产品备受超市、中式快餐店的欢迎。南方地区"甜加糯"型玉米市场发展较快，种植规模每年都创历史新高。对白色甜加糯、彩色甜加糯型鲜食玉米情有独钟，市场潜力巨大。生产上推广应用的代表性品种大多为国内企业和科研单位育成品种，甜玉米品种主要有正甜系列、粤甜系列、华珍系列、新美系列、金中玉、华美甜系列和先甜系列等；糯玉米品种主要有万糯系列、京科糯系列、垦粘系列、苏玉糯系列、渝糯系列等；糯加甜品种主要有京科系列和彩甜糯系列等。2017年推广面积10万亩以上的品种有11个（表8-6）。

（二）青贮玉米

目前我国规模化牧场已经基本普及，对全株青贮玉米的需求量很大，现在全国大约有1 000万亩青贮玉米，用于全株青贮的品种主要是目前大面积推广的普通玉米品种和专用型青贮玉米品种。全国范围内用于青贮的玉米品种类型有5种，分别是专用型青贮玉米品种、饲草型青贮玉米品种、粮饲通用型青贮玉米品种、粮饲兼用型品种和鲜食玉米品种。专用型青贮玉米、饲草型青贮玉米和粮饲通用型青贮玉米主要用于全株玉米青贮，而粮饲兼用型和鲜食玉米品种主要用于秸秆青贮。国家从2001年开始设置青贮玉米区试，截至2017年共审定了28个品种。近几年，北京、内蒙古、山西、河北等省（区）陆续开设了省级青贮玉米区域试验。2017年推广面积10万亩以上的专用型青贮玉米品种有11个（表8-7）。

（三）爆裂玉米

我国爆裂玉米产业始于20世纪80年代，每年以20%左右的速度在持续增长，2017年种植面积约20万亩。辽宁、新疆、内蒙古等是我国爆裂玉米种植面积最大的省区，其中辽宁省是我国爆裂玉米的优势产区，爆裂玉米育种、生产和加工等均处于国内领先水平。2000年全国农业技术推广中心启动了国家爆裂玉米区域试验，随后黑龙江、吉林、河南、上海、甘肃等省市也部分开展了爆裂玉米试验审定工作。截至2017年，推广中的国审品种有12个（表8-8）。

（四）机收籽粒玉米

我国目前通过区试审定工作，筛选出一些高产稳产，适宜籽粒机收的品种，但与发达国家相比，在籽粒机收玉米新品种选育等方面还存在较大差距。国家机收籽粒玉米品种区域试验自2015年开始首先在东华北中熟春玉米区和黄淮海夏玉米区展开，2017年审定品种8个（表8-9）。

表8-1　东华北春玉米区普通玉米主要推广品种汇总

序号	品种名称	选育单位	主要优缺点	推广应用情况
1	京科968	北京市农林科学院玉米研究中心	丰产稳产性好，抗性突出。缺点是熟期相对较晚，不适应今后机械化粒收的发展方向	2016年推广面积2 014万亩，2017年推广面积2 011万亩，同比变化不大
2	先玉335	铁岭先锋种子研究有限公司	丰产性稳产性好，适应性广，籽粒后期脱水快，商品品质优。缺点是抗性差，易倒伏、感大斑病、感弯孢菌叶斑病	2016年推广面积1 965万亩，2017年推广面积1 271万亩，同比减少35.3%
3	翔玉998	吉林省鸿翔农业集团鸿翔种业有限公司	丰产性稳产性好，适应性广，籽粒商品品质优。缺点是感玉米大斑病、感玉米瘤黑	2016年推广面积122万亩，2017年推广面积476万亩，同比增加290.5%
4	郑单958	河南省农业科学院粮食作物研究所	丰产、稳产，抗病性强。缺点是熟期偏晚，籽粒商品品质一般	2016年推广面积517万亩，2017年推广面积430万亩，同比减少16.8%
5	德美亚1号	德国KWS种子股份有限公司	感大斑病、弯孢叶斑病、丝黑穗病	2016年推广面积791万亩，2017年推广面积396万亩，同比减少50.0%
6	良玉99	丹东登海良玉种业有限公司	茎秆坚韧，耐密抗倒伏。缺点是熟期较晚，早霜等特殊年份易导致灌浆不充分，影响籽粒产量及商品品质	2016年推广面积372万亩，2017年推广面积322万亩，同比减少13.5%
7	大丰30	山西大丰种业有限公司	高产、稳产，感丝黑穗病、大斑病	2016年推广面积283万亩，2017年推广面积292万亩，同比增加3.1%
8	绥玉23	黑龙江省农科院绥化分院	丰产性、稳产性好，抗性强。缺点是耐密性稍差，脱水速度较慢	2016年推广面积254万亩，2017年推广面积286万亩，同比增加12.6%
9	德美亚3号	北大荒垦丰种业股份有限公司	丰产性较好，注意及时防治米螟	2016年推广面积330万亩，2017年推广面积273万亩，同比减少17.1%
10	龙单59	黑龙江省农业科学院玉米研究所	注意及时防治丝黑穗病和玉米螟	2016年推广面积17万亩，2017年推广面积271万亩，同比增加1 493.2%
11	天农九	抚顺天农种业有限公司	大斑病、弯孢菌叶斑病、青枯病重发区慎用	2016年推广面积338万亩，2017年推广面积260万亩，同比减少23.0%
12	丹玉405	丹东农业科学院		2016年推广面积243万亩，2017年推广面积229万亩，同比减少5.8%

（续表）

序号	品种名称	选育单位	主要优缺点	推广应用情况
13	龙单76	黑龙江省农业科学院玉米研究所	丰产性、稳产性好、抗性强。缺点是脱水速度较慢	2016年推广面积235万亩，2017年推广面积225万亩，同比减少4.4%
14	东农254	东北农业大学农学院	丝黑穗病或地下害虫危害严重的地块应注意防治，孕穗期和花期遇到严重干旱应适当灌溉	2016年推广面积167万亩，2017年推广面积222万亩，同比增加33.2%
15	华农887	北京华农伟业种子科技有限公司	注意防治玉米大斑病、小斑病、茎腐病和穗腐病	2016年推广面积160万亩，2017年推广面积179万亩，同比增加11.8%
16	鑫鑫1号	黑龙江省鑫鑫种子有限公司	丰产性好、抗性强。缺点是耐密性稍差、脱水速度较慢	2016年推广面积367万亩，2017年推广面积170万亩，同比减少53.7%
17	龙育10	黑龙江省农业科学院草业研究所		2016年推广面积74万亩，2017年推广面积158万亩，同比增加113.1%
18	禾田4号	黑龙江禾田丰泽兴农科技开发有限公司		2016年推广面积80万亩，2017年推广面积141万亩，同比增加76.1%
19	先玉696	铁岭先锋种子研究有限公司		2016年推广面积205万亩，2017年推广面积129万亩，同比减少37.1%
20	东农257	东北农业大学	肥水条件差的地块，种植密度不宜过大。注意防治大斑病、注意防虫	2016年推广面积75万亩，2017年推广面积117万亩，同比增加56.7%
21	天润2号	黑龙江天利种业有限公司	生育前期及时铲趟，后期注意防虫	2016年推广面积114万亩，2017年推广面积113万亩，同比减少1.3%
22	吉农大935	吉林农大科茂种业有限责任公司	注意及时防治丝黑穗病和玉米螟	2016年推广面积81万亩，2017年推广面积105万亩，同比增加29.7%
23	新丹336	辽宁辽丹种业科技有限公司	注意防治丝黑穗病、玉米螟	2016年推广面积43万亩，2017年推广面积104万亩，同比增加142.5%
24	龙单63	黑龙江省农业科学院玉米研究所	注意防治丝黑穗病	2016年推广面积5万亩，2017年推广面积100万亩，同比增加1 902.0%
25	大民3307	内蒙古大民种业有限公司		2016年推广面积174万亩，2017年推广面积100万亩，同比减少42.8%

注：2017年推广面积100万亩以上

表8-2　黄淮海夏玉米区普通玉米主要推广品种汇总

序号	品种名称	选育单位	主要优缺点	推广应用情况
1	郑单958	河南省农业科学院粮食作物研究所	高产、稳产，适应性好。近年抗茎腐和南方锈病能力下降，2017年表现出较好的抗热性和适应性，籽粒脱水慢不利于机械粒收	2016年推广面积3 244万亩，2017年推广面积2 866万亩，同比减少11.7%
2	登海605	山东登海种业股份有限公司	产量较高，秃头，抗倒性较好，水肥要求高，耐密性较差，感茎腐病。近两年表现对高温敏感，多数地区出现高温敏粒，结实不良现象	2016年推广面积1 336万亩，2017年推广面积1 366万亩，同比增加2.2%
3	先玉335	铁岭先锋种子研究有限公司	高产，稳产，广适性好，花期抗旱性差，不耐密植。品种抗逆性一般，局域间高温差异大，2017年因高温多数地区缺粒严重	2016年推广面积889万亩，2017年推广面积822万亩，同比减少7.5%
4	浚单20	河南省浚县农业科学研究所	2017年表现结实性好，抗高温热害好。抗倒性一般，感黑粉病	2016年推广面积963万亩，2017年推广面积799万亩，同比减少17.0%
5	伟科702	郑州伟科作物科技有限公司，河南金苑种业有限公司	2017年表现出抗热性好。感穗腐病，瘤黑粉病	2016年推广面积721万亩，2017年推广面积746万亩，同比增加3.5%
6	隆平206	安徽隆平高科种业有限公司	抗倒性一般，抗病性较好。2017年表现适应性好、耐高温热害	2016年推广面积794万亩，2017年推广面积563万亩，同比减少29.1%
7	联创808	北京联创种业股份有限公司	脱水快、籽粒品质好、出籽率高。抗倒性一般，2017年因高温热害部分地区有缺粒现象	2016年推广面积218万亩，2017年推广面积405万亩，同比增加85.8%
8	中单909	中国农业科学院作物科学研究所	个别年份一些地块抗倒折较重，近两年表现较好，2017年该品种表现稳定。瘤黑粉病高发区慎用	2016年推广面积487万亩，2017年推广面积333万亩，同比减少31.6%
9	蠡玉16	石家庄蠡玉科技开发有限公司		2016年推广面积345万亩，2017年推广面积282万亩，同比减少18.3%
10	沃玉964	河北沃土种业有限公司	高产、抗倒性好。熟期偏晚，锈病重发区慎用	2016年推广面积290万亩，2017年推广面积199万亩，同比减少31.4%

（续表）

序号	品种名称	选育单位	主要优缺点	推广应用情况
11	裕丰303	北京联创种业股份有限公司	注意纹枯病等病害的防治，茎腐病和叶斑病重发区慎用	2016年推广面积54万亩，2017年推广面积191万亩，同比增加253.7%
12	登海618	山东登海种业股份有限公司	注意防治瘤黑粉病，茎腐病高发区慎用	2016年推广面积165万亩，2017年推广面积189万亩，同比增加14.4%
13	德单5号	北京德农种业有限公司	后期持绿时间长，抗锈病较好	2016年推广面积110万亩，2017年推广面积176万亩，同比增加59.9%
14	金海5号	山东省莱州市金海作物研究所有限公司	叶部病害和黑粉病高发区慎用	2016年推广面积201万亩，2017年推广面积155万亩，同比减少22.8%
15	京农科728	北京农科院种业科技有限公司	丰产性较好，早熟，适宜机收。瘤黑粉病重发区慎用	2016年推广面积49万亩，2017年推广面积152万亩，同比增加210.8%
16	中科11号	北京中科华泰科技有限公司，河南科泰种业有限公司	注意防治弯孢菌叶斑病	2016年推广面积147万亩，2017年推广面积138万亩，同比减少6.1%
17	华农138	天津科润津丰种业有限责任公司，北京华农伟业种子科技有限公司		2016年推广面积114万亩，2017年推广面积132万亩，同比增加15.8%
18	浚单29	浚县农业科学研究所	结实性较好，抗倒性一般，瘤黑粉病高发区慎用	2016年推广面积134万亩，2017年推广面积131万亩，同比减少2.2%
19	蠡玉35	石家庄蠡玉科技开发有限公司	晚熟，后期脱水较慢	2016年推广面积125万亩，2017年推广面积125万亩，同比未发生变化
20	蠡玉88	石家庄蠡玉科技开发有限公司		2016年推广面积71万亩，2017年推广面积102万亩，同比增加43.7%
21	农大372	宋同明	注意防治瘤黑粉病、粗缩病	2016年推广面积38万亩，2017年推广面积115万亩，同比增加202.0%
22	邢玉11号	邢台市农业科学研究院，河北省冀科种业有限公司		2017年推广面积115万亩

（续表）

序号	品种名称	选育单位	主要优缺点	推广应用情况
23	聊玉22号	聊城市农业科学研究院		2016年推广面积275万亩，2017年推广面积111万亩，同比减少59.7%
24	苏玉29	江苏省农科院粮食作物研究所		2016年推广面积82万亩，2017年推广面积110万亩，同比增加34.1%
25	农大108	中国农业大学	审定时间过久、种性、抗性降低	2016年推广面积196万亩，2017年推广面积106万亩，同比减少45.9%

注：2017年推广面积100万亩以上

表8-3　西北春玉米区普通玉米主要推广品种汇总

序号	品种名称	选育单位	主要优缺点	推广应用情况
1	先玉335	铁岭先锋种子有限公司	适应性广、熟期适宜、产量高、稳产性好、稳产性好、容重好、籽粒亮泽、收获时含水量低。抗倒能力和抗病性较差	2016年推广面积409万亩，2017年推广面积431万亩，同比增加5.4%
2	郑单958	河南省农业科学院粮食作物研究所	丰产、稳产，缺点是熟期偏晚、抗茎腐病能力较差	2016年推广面积162万亩，2017年推广面积126万亩，同比减少22.2%
3	正大12号	襄樊正大农业开发有限公司	属于大穗硬粒玉米品种、籽粒品种和丰产性较好，缺点是抗倒性和抗病性较差	2016年推广面积163万亩，2017年推广面积165万亩，同比增加1.2%
4	大丰30	山西大丰种业有限公司	高产、稳产、感丝黑穗病、大斑病	2016年推广面积136万亩，2017年推广面积135万亩，同比变化不大
5	西蒙6号	内蒙古西蒙种业有限公司	注意防治丝黑穗病、矮花叶病	2016年推广面积119万亩，2017年推广面积123万亩，同比增加3.4%
6	陕单609	西北农林科技大学	注意防治大斑病、茎腐病和丝黑穗病	2016年推广面积46万亩，2017年推广面积81万亩，同比增加76.1%

注：2017年推广面积50万亩以上

表8-4 西南春玉米区普通玉米主要推广品种汇总

序号	品种名称	选育单位	主要优缺点	推广应用情况
1	正大999	襄樊正大农业开发有限公司	丰产性突出，出籽率较高	2016年推广面积186万亩，2017年推广面积158万亩，同比减少15.2%
2	中单808	中国农业科学院作物科学研究所	丰产性突出，广适。中感纹枯病、灰斑病和穗腐病	2016年推广面积162万亩，2017年推广面积128万亩，同比减少21.3%
3	蠡玉16	石家庄蠡玉科技开发有限公司	高产，稳产，适应性好。粗缩病高发区慎用	2016年推广面积100万亩，2017年推广面积118万亩，同比增加18.4%
4	红单6号	红河州农科所	抗逆性强，高产，优质	2016年推广面积90万亩，2017年推广面积98万亩，同比增加8.6%
5	蠡玉6号	石家庄蠡玉科技开发有限公司	高抗多种病害。感拟眼斑病	2016年推广面积122万亩，2017年推广面积90万亩，同比减少26.3%
6	康农玉108	宜昌盛世康农种子科技有限公司	丰产性好。感小斑病和纹枯病	2016年推广面积68万亩，2017年推广面积84万亩，同比增加23.6%
7	五谷1790	甘肃五谷种业有限公司	丰产性好。感大斑病、锈病、穗腐病、高感纹枯病	2016年推广面积87万亩，2017年推广面积74万亩，同比减少14.5%
8	正大808	襄樊正大农业开发有限公司四川分公司	丰产性好。感大斑病、穗腐病、纹枯病	2016年推广面积88万亩，2017年推广面积74万亩，同比减少16.2%
9	迪卡008	孟山都科技有限责任公司	综合抗性较好。产量稳定性佳	2016年推广面积122万亩，2017年推广面积70万亩，同比减少42.4%
10	路单8号	石林县石丰种业有限公司	高产，稳产，适应性好	2016年推广面积86万亩，2017年推广面积70万亩，同比减少18.5%
11	桂单0810	广西农业科学院玉米研究所，广西兆和种业有限公司		2016年推广面积103万亩，2017年推广面积68万亩，同比减少34.0%
12	迪卡007	孟山都科技有限责任公司		2016年推广面积80万亩，2017年推广面积64万亩，同比减少19.9%

（续表）

序号	品种名称	选育单位	主要优缺点	推广应用情况
13	鄂玉16	湖北省十堰市农业科学院	感丝黑穗病	2016年推广面积55万亩，2017年推广面积62万亩，同比增加12.5%
14	登海9号	山东省莱州市农业科学院		2016年推广面积89万亩，2017年推广面积61万亩，同比减少31.9%
15	安单3号	贵州省安顺市农业科学研究所	感丝黑穗病	2016年推广面积55万亩，2017年推广面积58万亩，同比增加6.3%
16	西抗18	贵州西山种业有限责任公司	注意防治丝黑穗病和纹枯病	2016年推广面积50万亩，2017年推广面积54万亩，同比增加8.6%
17	康农玉007	四川高地种业有限公司	注意防治茎腐病、穗粒腐病	2016年推广面积37万亩，2017年推广面积52万亩，同比增加40.6%
18	靖丰8号	曲靖靖丰种业有限责任公司		2016年推广面积45万亩，2017年推广面积50万亩，同比增加10.5%

注：2017年推广面积50万亩以上

表8-5 东南春玉米区普通玉米主要推广品种汇总

序号	品种名称	选育单位	主要优缺点	推广应用情况
1	苏玉30	江苏沿江地区农业科学研究所	茎腐病、矮花叶病高发区慎用	2016年推广面积62万亩，2017年推广面积37万亩，同比减少40.3%
2	蠡玉16	石家庄蠡玉科技开发有限公司		2016年推广面积40万亩，2017年推广面积37万亩，同比减少7.5%
3	苏玉29	江苏省农业科学院粮食作物研究所	注意防止倒伏倒折，防治玉米螟，矮花叶病重发区慎用	2016年推广面积29万亩，2017年推广面积34万亩，同比增加17.2%
4	郑单958	河南农业科学院粮食作物研究所	注意防止锈病	2016年推广面积36万亩，2017年推广面积29万亩，同比减少19.4%

（续表）

序号	品种名称	选育单位	主要优缺点	推广应用情况
5	苏玉20	江苏省农业科学院粮食作物研究所	抗玉米大、小斑病、抗倒性较强	2016年推广面积25万亩，2017年推广面积24万亩，同比减少4.0%
6	隆平206	安徽隆平高科种业有限公司	感纹枯病、粗缩病	2016年推广面积30万亩，2017年推广面积22万亩，同比减少26.7%
7	苏玉10号	江苏沿江地区农业科学研究所		2016年推广面积21万亩，2017年推广面积19万亩，同比减少9.5%
8	蠡玉88	石家庄蠡玉科技开发有限公司		2016年推广面积14万亩，2017年推广面积18万亩，同比增加28.6%
9	济单7号	河南省济源市农业科学研究所	感小斑病、玉米螟，注意防止倒伏	2016年推广面积16万亩，2017年推广面积17万亩，同比增加6.3%
10	苏玉22	江苏沿江地区农业科学研究所		2016年推广面积20万亩，2017年推广面积17万亩，同比减少15.0%
11	登海605	山东登海种业股份有限公司	丰产性好，品质较好	2016年推广面积12万亩，2017年推广面积13万亩，同比增加8.3%
12	丰乐21	合肥丰乐种业股份有限公司		2016年推广面积8万亩，2017年推广面积10万亩，同比增加25.0%

注：2017年推广面积10万亩以上

表8-6　鲜食甜、糯玉米主要推广品种汇总

序号	品种名称	选育单位	主要优缺点	推广应用情况
1	西星黄糯958	山东登海种业股份有限公司西由种子分公司	注意防止串粉影响品质，防治大斑病、弯孢病、丝黑穗病、玉米螟	2016年推广面积6万亩，2017年推广面积25万亩，同比增加338.6%
2	京科糯2000	北京市农林科学院玉米研究中心	茎腐病重发区慎用，注意适期早播和防止倒伏	2016年推广面积20万亩，2017年推广面积33万亩，同比增加65.3%

（续表）

序号	品种名称	选育单位	主要优缺点	推广应用情况
3	新美夏珍	广东省珠海市鲜美种苗发展有限公司	整齐度好，果穗美观，商品性好	2016年推广面积15万亩，2017年推广面积17万亩，同比增加12.6%
4	正甜68	广东省农科集团良种苗木中心、广东省农业科学院作物研究所	适应性强，产量高，品质优	2016年推广面积6万亩，2017年推广面积15万亩，同比增加172.7%
5	垦粘1号	黑龙江省农垦科学研究院	种植时注意与其他类型玉米隔离种植，注意防治丝纹枯病等病害	2016年推广面积11万亩，2017年推广面积14万亩，同比增加27.3%
6	金中玉	王玉宝		2016年推广面积10万亩，2017年推广面积14万亩，同比增加41.4%
7	华美甜168	华南农业大学科技实业发展总公司	抗倒能力较强	2016年推广面积10万亩，2017年推广面积13万亩，同比增加31.3%
8	美玉8号	海南绿川种苗有限公司		2016年推广面积10万亩，2017年推广面积12万亩，同比增加18.4%
9	华美甜8号	华南农业大学农学院	甜度较高，适口性较好，品质较优	2016年推广面积11万亩，2017年推广面积11万亩，同比变化不大
10	鄂甜玉3号	王玉宝		2016年推广面积12万亩，2017年推广面积11万亩，同比减少6.0%
11	美玉3号	海南绿川种苗有限公司	商品性较好	2016年推广面积9万亩，2017年推广面积10万亩，同比增加11.5%

注：2017年推广面积10万亩以上

表8-7 青贮玉米主要推广品种汇总

序号	品种名称	选育单位	主要优缺点	推广应用情况
1	东陵白	农家品种	生物产量较高，粗纤维含量较低，适口性较好。抗倒性一般	2016年推广面积102万亩，2017年推广面积109万亩，同比增加7.4%
2	新饲玉13号	新疆沃特生物公司		2016年推广面积42万亩，2017年推广面积100万亩，同比增加134.7%
3	新饲玉18号	新疆沃特生物公司	适应性较强，生物产量较高	2016年推广面积19万亩，2017年推广面积22万亩，同比增加16.5%
4	巡青518	宣化巡天种业新技术有限责任公司		2016年推广面积20万亩，2017年推广面积19万亩，同比减少2.8%
5	东青1号	东北农业大学农学院		2016年推广面积27万亩，2017年推广面积18万亩，同比减少33.3%
6	群策青贮8号	四川群策旱地农业研究所	抗病性较好	2016年推广面积7万亩，2017年推广面积14万亩，同比增加93.6%
7	豫青贮23	河南省大京九种业有限公司	注意防治丝黑穗病和防止倒伏	2016年推广面积11万亩，2017年推广面积12万亩，同比增加8.9%
8	桂青贮1号	广西壮族自治区玉米研究所	小斑病高发区慎用	2016年推广面积11万亩，2017年推广面积10万亩，同比减少7.0%
9	中东青2号	东北农业大学农学院、中国农业科学院作物科学研究所		2016年推广面积12万亩，2017年推广面积10万亩，同比减少15.9%
10	北农青贮208	北京农学院植物科学技术系		2016年推广面积11万亩，2017年推广面积10万亩，同比减少4.9%
11	西蒙青贮707	内蒙古西蒙种业有限公司		2016年推广面积12万亩，2017年推广面积10万亩，同比减少16.5%

注：2017年推广面积10万亩以上

表8-8　国审爆裂玉米推广品种汇总

序号	品种名称	选育单位	抗性	品质	审定适宜区域
1	沈爆10号	沈阳农业大学特种玉米研究所	感丝黑穗病、大斑病、小斑病	膨化倍数31.5倍，花形为蝶形花，爆花率为98.0%	新疆、吉林、辽宁春播种植、陕西、天津、河南夏播种植
2	沈爆11号	沈阳农业大学特种玉米研究所	中抗丝黑穗病、大斑病和小斑病	膨化倍数31.0倍，花形为蝶形花，爆花率为98.0%	新疆、吉林、辽宁、宁夏地区春播种植，天津、河南夏播种植
3	金爆59	沈阳金色谷特种玉米有限公司	感丝黑穗病，抗大斑病、中抗小斑病	膨化倍数31.5倍，花形为蝶形花，爆花率为99.0%	新疆、吉林、辽宁地区春播种植，陕西杨凌、天津、河南夏播种植
4	金谷103	沈阳金色谷特种玉米有限公司	中抗小斑病、感丝黑穗病和大斑病	膨胀倍数30倍，花形为混合型，爆花率98.4%	辽宁、吉林、天津、陕西和新疆春播种植，河南、山东夏播种植
5	沈爆5号	沈阳农业大学特种玉米研究所	抗丝黑穗病、中抗小斑病、高感大斑病	膨胀倍数31倍，花形为蝶形花，爆花率99.5%	辽宁、吉林、天津、陕西和新疆春播种植，河南、山东夏播种植
6	佳蝶117	沈阳特亦佳玉米科技有限公司	抗丝黑穗病、中抗小斑病，感大斑病	膨胀倍数31倍，花形为蝶形花，爆花率99.5%	辽宁、吉林、天津、陕西和新疆春播种植，河南、山东夏播种植
7	申科爆1号	上海市农业科学院作物育种栽培研究所、上海农科种子种苗有限公司	感丝黑穗病、大斑病和小斑病	膨胀倍数31倍，花形为蝶形花，爆花率为99.0%	辽宁、吉林、天津、陕西和新疆春播种植，河南、山东夏播种植
8	沈爆8号	沈阳农业大学特种玉米研究所	抗丝黑穗病、感大斑病	膨胀倍数31.2倍，花形为蝶形花，爆花率99.4%	辽宁、吉林、天津、陕西和新疆春播种植，河南、山东夏播种植
9	金爆1号	北京金农科种子科技有限公司	抗丝黑穗病、中抗小斑病，感大斑病	爆花率96%，膨化倍数33.5倍。花形为蝶形花	辽宁、吉林、天津、陕西和新疆、上海、河南，山东夏播种植
10	沈爆4号	沈阳农业大学特种玉米研究所	中抗丝黑穗病、感大斑病和小斑病	膨化倍数32倍，花形为蝶形花，爆花率99.5%	辽宁、吉林、天津、陕西和新疆、上海春播种植，河南，山东夏播种植
11	金爆1237	沈阳金色谷特种玉米有限公司	感小斑病和丝黑穗病，高感大斑病	膨化倍数31倍，花形为蝶形花，爆花率99.5%	辽宁、吉林、天津、陕西和新疆、上海春播种植，河南，山东夏播种植

（续表）

序号	品种名称	选育单位	抗性	品质	审定适宜区域
12	沈爆3号	沈阳农业大学特种玉米研究所	高抗大斑病、弯孢菌叶斑病、茎腐病和玉米螟，中抗灰斑病和丝黑穗病，高感纹枯病	爆花率98%以上，膨胀倍数30左右，混合型花，花大，适口性中等	辽宁、吉林、天津、山东、河南地区做爆裂玉米品种种植

表8-9 国审机收籽粒玉米推广品种汇总

序号	品种名称	选育单位	抗性	品质	审定适宜区域
1	泽玉8911	吉林省宏泽现代农业有限公司	感大斑病和丝黑穗病，高抗镰孢茎腐病，抗谷镰孢穗腐病，中抗灰斑病	籽粒容重793g/L，粗蛋白含量9.53%，粗脂肪含量4.15%，粗淀粉含量76.26%，赖氨酸含量0.33%	辽宁省东部山区和辽北部分地区、吉林省吉林市、白城市、通化市大部分地区、辽源市、长春市、松原市部分地区、黑龙江省第一积温带、内蒙古乌兰浩特市、赤峰市、通辽市、呼和浩特市、包头市、巴彦淖尔市、鄂尔多斯市等东北华北中熟春玉米区的机收种植
2	德育919	吉林德丰种业有限公司	感大斑病、中抗茎腐病，抗穗腐病、感丝黑穗病，中抗灰斑病	籽粒容重736g/L，粗蛋白含量9.08%，粗脂肪含量3.63%，粗淀粉含量70.52%，赖氨酸含量0.31%	辽宁省东部山区和辽北大部分地区、吉林省吉林市、白城市、通化市大部分地区、辽源市、长春市、松原市部分地区、黑龙江省第一积温带、内蒙古乌兰浩特市、赤峰市、通辽市、呼和浩特市、包头市、巴彦淖尔市、鄂尔多斯市等东北华北中熟春玉米区机收种植
3	吉单66	吉林省农业科学院、吉林吉农高新技术发展股份有限公司	抗茎腐病、抗穗腐病，抗丝黑穗病、抗灰斑病，感大斑病	籽粒容重784g/L，粗蛋白含量10.91%，粗脂肪含量3.62%，粗淀粉含量74.04%，赖氨酸含量0.29%	辽宁省东部山区和辽北部分地区、吉林省吉林市、白城市、通化市大部分地区、辽源市、长春市、松原市部分地区、黑龙江省第一积温带、内蒙古乌兰浩特市、赤峰市、通辽市、呼和浩特市、包头市、巴彦淖尔市、鄂尔多斯市等东北华北中熟春玉米区机收种植

（续表）

序号	品种名称	选育单位	抗性	品质	审定适宜区域
4	五谷318	甘肃五谷种业股份有限公司	中抗茎腐病，抗茎腐病，抗丝黑穗病，中抗灰斑病，感大斑病	籽粒容重755g/L，粗蛋白含量8.77%，粗脂肪含量74.92%，淀粉含量0.28%	辽宁省东部山区和辽北部分地区，吉林省吉林市、长春市、松原市部分地区，黑龙江省第一积温带、内蒙古乌兰浩特市、赤峰市、通辽市、呼和浩特市、包头市、巴彦淖尔市、鄂尔多斯市等东华北中熟春玉米区机收种植
5	迪卡517	孟山都远东有限公司、北京代表处、中种国际种子有限公司	中抗茎腐病，感小斑病，感弯孢叶斑病，高感禾谷镰孢穗腐病，高感瘤黑粉病	籽粒容重785g/L，粗蛋白含量9.40%，粗脂肪含量74.74%，淀粉含量0.31%	黄淮海夏玉米区及京津唐机收种植
6	LS111	河南秋乐种业科技股份有限公司	感茎腐病，感小斑病，感弯孢叶斑病，感穗腐病，高感瘤黑粉病	籽粒容重736g/L，粗蛋白含量8.20%，粗脂肪含量76.04%，淀粉含量0.31%	黄淮海夏玉米区及京津唐机收种植
7	京农科728	北京市农林科学院玉米研究中心	北京市农林科学院玉米研究中心	籽粒容重782g/L，粗蛋白含量10.86%，粗脂肪含量72.79%，淀粉含量0.37%	黄淮海夏玉米区及京津唐机收种植
8	五谷305	甘肃五谷种业股份有限公司、山东冠丰种业科技有限公司	中抗茎腐病，粗缩病，感弯孢叶斑病；高感穗腐病，瘤黑粉病	籽粒容重774g/L，粗蛋白含量9.86%，粗脂肪含量74.5%，淀粉含量0.34%	黄淮海夏玉米区及京津唐机收种植

第九章
未来玉米产业发展趋势与展望

　　未来玉米仍将是我国第一大作物，也是保持粮食安全、饲料安全的主要作物，我国年需求玉米量在2.2亿t以上，这就需要我国玉米种植面积应保持在5.3亿亩以上。将来生产和市场最为需求的依然是多抗广适、中早熟、高产稳产型品种，适合全程机械化的玉米品种和粮饲通用型玉米品种，发展前景广阔。玉米品种发展应该在保持高产的前提下，注重特色种质资源的引进和原始创新，提高育成玉米品种的产量和品质，以及耐热性、耐旱性、抗病性、抗倒耐密性、籽粒灌浆和脱水速率，降低推广风险。节本增效、高产优质，依然是玉米产业发展永远不变的主题。

一、东华北春玉米区

　　该区域目前主推的部分品种审定年份过久，郑单958、先玉335等2个品种在市场推广已超过13年，京科968、良玉99、大丰30等3个品种已推广7~9年，审定年份最晚的翔玉998也已推广了5年。随着推广年份的增加，外界气候环境及栽培模式等逐步发生变化，这就对品种的抗性提出了更高的要求，一些审定年份过久的品种推广应用上需慎重。

　　综合考虑，该区域未来主推品种应具备以下几个特点：一是种子发芽率高、发芽势强，低温条件下出土能力强；二是茎、叶空间分布合理，耐密植；三是抗病性优良，对丝黑穗病、大斑病、茎腐病要达到中抗及以上水平；四是抗倒性好，株高、穗位分别控制在较低水平以下，茎秆坚韧好，气生根发达；五是穗轴细且坚硬，果穗均匀，结实性好，出籽率高；六是熟期适宜。另外，该区域品种选育应向适宜机械化籽粒直收方向发展，随着玉米生产向集约化、规模化、机械化发展和生产水平的进一步提高，适宜全程机械化作业是玉米新品种选育的主要目标，应注重新品种的耐密性、抗倒性、抗病虫性、生育期、脱水速度等指标的选择。

二、黄淮海夏玉米区

当前，黄淮海夏玉米生产正面临普通籽粒玉米生产从快速下降到缓速下降及逐步企稳、特用玉米快速上升到降速上升及企稳的过程，从2017年玉米生产的复杂情况来看，该区域玉米生产的趋势性较为明显，并具有较普遍的代表性。一是总体抗性压力选择需加大。2017年玉米生长季节受高温及阴雨寡照灾害性天气的影响，2016年表现较好的品种在2017年暴露出品种耐高温性和抗性问题，含有国外种质的品种年际间表现出不稳定，品种耐高温性状应引起重视，玉米锈病总体呈现"南病北移"现象，湿热天气有利于病害多发，对生产造成较大影响。二是市场消费格局逐步发生新变化。根据群众消费需求的变化，对于青贮饲用玉米、优质鲜食玉米的需求继续加大。三是加大品种风险性评价和区域性适用品种的选择和利用。随着玉米审定、引种政策的逐步推开，玉米获得市场准入的渠道越来越多样化。作为品种利用中的多渠道品种评价体系要进一步完善。品种的增多和气候多变，必然影响以前的单一大品种模式逐步演变为多品种主导模式，对于品种的精细化区域适应性评价需求加大。

综上，玉米品种筛选上要注意加强耐高温、抗病性等综合抗性的压力选择。此外基于这些年农村劳动力发生变化，玉米籽粒收获趋势需求更加明显，要加大籽粒收玉米品种的筛选，尤其是脱水速度快品种的选择应用。通过政策引导和技术支持，加强青贮玉米和鲜食玉米的品种选育和推广利用，满足市场对不同玉米品种的需求。因势利导，加强小区域适应性品种的筛选，精细化小品种利用管理，从复杂的数据中筛选出品种适合的小区域，降低品种大而用之的利用风险。搭建农民现场选种平台，解决品种井喷后农民认知和选择难题，拓展新时期更科学的品种利用技术支撑，从政府和企业推品种，逐步演进到新型农民选品种，实现品种推广布局新格局。

三、西北春玉米区

西北春播玉米区60%面积为依靠自然降雨的旱作玉米，40%的灌溉玉米同样也面临干旱和土壤贫瘠化的困扰。干旱、土壤贫瘠和病虫草害等生物与非生物逆境危害日趋加剧，已成为今后一段时间，玉米产量增进过程中，不可逾越的障碍因素。如何突破水土农业资源的严重约束，培育和种植抗逆性强、适应性广的高产高效玉米品种是跨越这一瓶颈因素的必然选择。今后，需要把抗逆性育种提到重要日程。提高品种对干旱、瘠薄、高温、低温和病虫草等生物与非生物逆境的适应性。通过培育、筛选适应性强（耐旱、耐瘠薄、耐密植、抗倒伏、抗病）的优良品种，最大限度发挥玉米品种增产的潜力。

随着现代农业步伐的加快，适应简化轻型栽培的需要，与农机农艺措施配套，减少对农机作业的压力和降低劳动力成本成为玉米育种需要关注的问题。西北光热资源充足，是我国最适宜种植玉米的四大区域之一，有望成为我国率先实现玉米全程机械化生产的区域之一，建议在西北地区设立机收玉米品种区域试验，推进西北籽粒机收品种选育与推广应用。

四、西南春玉米区

西南地区属温带和亚热带湿润、半湿润气候，雨量丰富、水热条件好，但大部分地区光照条件较差，雨热同季，穗腐病、纹枯病、大斑病、茎腐病等病害常年发病较重，生产上应注意选择抗病品种，加强病虫害防治，提高产量和品质。该区域地形地貌复杂，生态环境多样，立体气候明显，应因地制宜进行品种布局。在平坝丘陵等高产玉米产区，优先发展籽粒用玉米；在近郊及交通发达地区，重点发展鲜食甜糯玉米；在养殖畜牧区大力发展青贮饲草玉米；在酿酒业发达的地区种植酿酒专用玉米。

随着农业供给侧结构性改革及种植业结构调整，西南区普通玉米推广面积将会有所下降，鲜食甜糯玉米和青贮玉米种植面积将逐步上升。伴随适度规模经营的发展，对抗病抗倒、耐密高产、适宜机械化收获的品种需求将会有所增加。建议下一步加大对鲜食甜糯玉米、青贮玉米、绿色优质玉米、适宜机械化收获玉米品种的研发、试验和审定推广力度，满足农业生产对品种的要求，促进西南区玉米产业发展再上新台阶。

五、东南春玉米区

该区域光温水资源充足，但时间和空间的分布不均导致玉米生长阶段易出现生长胁迫，制约了产量水平的提高和产业发展。一是玉米生产条件较差。本区域多为丘陵山区，田块规模较小，玉米多为零散种植，制约了机械化生产水平的进一步提高。玉米产区农田基础设施不配套，对灾害性天气抵抗调控能力弱，玉米生产受气候影响大，尤其是近年来高温干旱等极端天气频发。二是玉米种植面积减少。近年来，本区域普通玉米面积逐年减少，品种更新换代频率较低，其原因主要是产业结构调整和市场导向的影响下，鲜食玉米和青贮玉米发展迅速，普通玉米依然选择一些基本在2013年之前审定的老品种，农户种植成本低一些、生产风险小一些，导致一些科研机构和种业企业对本地区的关注度和科研投入逐渐减小，玉米生产竞争力不强。三是玉米产需不平衡。本区域玉米深加工产业经过多年发展已初具规模，加之近年来畜牧业的快速发展，玉米需求量较大，而本地区玉米供应严重不足，产量和品质均不能满足市场需求，玉米产需不平衡。

发展玉米产业对发展粮食生产，调整产业结构，促进农民增收都正在发挥重要作用，玉米产业有较广阔的发展前景。一要加大创新力度，加快新品种培育。由于处于气候多变、高温高湿等特点，要加强抗涝渍、抗高温热害、抗倒伏等种质的创制，通过培育、引进和改良等方法，培育筛选出适合不同生产区域的高产、优质的玉米新品种，促进玉米的生产发展。二要鼓励种业企业参与，促进科企联合攻关育种。制定科企合作政策，创新、优化合作方式，以政策引导科研单位科技骨干人员到种子企业开展技术服务，充分发挥科技骨干人员作用，从政府层面组织联合攻关，建立科企合作交流平台，为企业获得科技新成果提供政策与资金支持，提升种业创新能力。积极推动科技合作，充分利用多方资源，形成合力，提升玉米品种竞争力。三要强化玉米产业投入，提高玉米生产能力。东南地区养殖业对饲用玉米需求量非常大，产需矛盾非常突出，迫切需要加快玉米生产，增加玉米总量，降低市场风险。加大本地区玉米投入，鼓励新型农业经营主体进行规模化种植，加大新品种和新技术的使用力度，提高玉米产能，不断提高玉米生产自给能力，尤其在玉米优良品种选育攻关、高产栽培及良种繁育体系建设、生产示范基地建设、玉米加工、以及人才培养方面加大投入。

六、鲜食玉米

随着人们生活水平的提高，对甜糯玉米的品种品质要求越来越高，要高端、优质、高产、抗性好、适应性广、多用途等。甜糯玉米品种较多，局部表现好的区域性品种较多，但是大品种较少。鲜食玉米生产条件有待进一步改善，现多为零散种植的栽培模式，制约了机械化生产水平的进一步提高，加之追肥撒施、病虫害防治不及时等粗放管理，不利于农民增收，也不利于鲜食玉米产业的持续健康发展。种植结构有待进一步调整，产业规模需进一步做大做强。我国鲜食玉米生产多以家庭经营为主，农户分散种植，生产规模小，品牌效应不明显，加工主要是鲜玉米整穗速冻或籽粒速冻，缺乏深度开发，产业带动作用弱，不利于玉米生产能力的提高和新技术的推广，也不利于实现高产优质高效，难以参与国际市场竞争。

未来鲜食玉米发展，一是要因地制宜，适度规模。坚持市场导向、以销定产，根据市场预期和加工需求确定种植面积，防止盲目跟风大面积种植。二是要优选品种，隔离种植。根据当地生态条件，选择生育期适宜、丰产稳产性好、抗病抗逆性强、食用品质优良、适宜当地种植的优质高产鲜食玉米品种。生产上要进行空间或时间隔离，避免串粉，影响鲜食玉米的口感和品质。三是要分期播种，合理密植。因地因时制宜，考虑市场需求，实行分期播种，降低种植风险。根据生产条件、土壤肥力、品种特性、管理水平等合理确定种植密度，确保果穗授粉充分、结实良好、籽粒饱满，提高果穗等级和商品性。四是要适时采收，综合利用。做到适时采收，及时上市销售或加工处理，切忌在较高温度下放置时间过长，以免影响产量、品质和商品性。鲜食玉米秸秆含糖量高、营养丰富、适口性好，果穗采收后，秸秆可直接用于青贮饲料，进一步提高全株利用率和生产附加值。

七、青贮玉米

青贮玉米的发展对我国"节粮型"畜牧业的发展具有决定性的作用。随着人们生活水平的不断提高，肉食的需求量越来越大，畜牧业的增长是必然趋势。畜牧业的迅猛发展导致对饲料粮的需求迅速增加，饲料短缺已经成为限制畜牧业迅速发展的重要因素。解决肉食需求与粮食短缺矛盾的唯一办法就是我国必须走"节粮型"的畜牧业发展道路，大力发展以牛、羊等草食家畜为主的"节粮型"畜牧业。从我国农业的整体发展战略考虑，发展草食家畜将主要依靠农区，而不可能像新西兰那样，依靠大草原，走草原畜牧业的道路。依靠农区发展草食家畜的主要饲料应该是青贮饲料，其中最重要的青贮饲料是青贮玉米。青贮玉米具有产量高，营养丰富等特点，是提高饲养水平、提高产奶量和提高鲜奶品质最简洁和最安全的途径。

青贮玉米的种植区域已经涵盖了全国各地的农牧区以及全国100个大中城市的郊区，据测算，我国每年需要种植6 000万亩的青贮玉米，才能满足草食家畜的需要，巨大的生产布局和市场需求为青贮玉米产业化奠定了良好的基础。

八、爆裂玉米

近年来，随着人们观影热情的高涨，影院发展迅猛，作为重要的观影休闲食品，爆米花的需求量增长迅速。但是，由于我国爆裂玉米新品种缺乏，国产爆裂玉米总量在明显下降。我国爆裂玉米进口比例和数量急剧增加，价格攀升。2014年国家重新启动爆裂玉米区域试验，一些品种相继通过审定，促进了我国爆裂玉米育种和爆裂玉米产业的发展，缓解了国外爆裂玉米品种和产品对国内的冲击。一批新品种通过审定和推广，极大地满足了我国市场对爆裂玉米品种及原料玉米的需求，推动了我国爆裂玉米育种、栽培技术研究、规模化生产等方面的发展。

九、机收籽粒玉米

我国通过近几年的区试审定工作，筛选出一批高产稳产，适宜籽粒机收品种，但只是完成了机收籽粒玉米品种发展的起步阶段，与玉米生产发达国家相比还存在较大差距，需要进一步推进玉米主产区全面开展以适宜机械化收获籽粒为重要特性的苗头品种测试工作，优化完善区试程序和审定标准，精准鉴定品种的适宜机械化收获籽粒的特性，确定品种的生产利用价值和适宜种植区域，进一步提升筛选与应用籽粒机收玉米品种水平。注意结合推进绿色品种、优质专用品种的测试，在不同类型生态区建立资源节约型玉米新品种测试平台，以便全面推进新时期国家玉米品种更新换代。以种子企业为主体，在玉米主产区开展绿色、高效新品种展示示范，良种良法配套、农艺农机融合、产前与产后储藏加工紧密衔接。应通过举办不同形式的新品种与配套栽培技术培训、现场观摩等方式，搭建新品种展示示范平台，加大新审定机收籽粒玉米品种的推广应用力度，提升新一轮品种更新换代速度，服务农业供给侧结构性改革。

第四部分　大　豆

第十章
2017年我国大豆生产形势

一、2017年我国大豆生产概况

（一）大豆生产继续恢复性增长

2017年我国大豆播种面积有较大幅度的上升，达到1.17亿亩，比去年增加871万亩，增长8.1%；总产量达到近年来新高，达1 420万t，比去年增加166万t；单产为120.67kg/亩，比上年增加1.1%。种植面积和总产的提高得益于农业供给侧改革，种植结构优化调整，积极发展大豆生产，提升大豆生产质量效益和竞争力等政策的支撑。

（二）进口大豆再创新高

2017年中国依然是世界第一大大豆进口国，占世界大豆进口量的64.49%。据海关数据显示，1—12月我国累计进口大豆9 554万t，与2016年同期相比增加13.9%，仍在高速增长。而从进口来源看，巴西、美国、阿根廷仍是主要来源国，俄罗斯大豆进口继续快速增加。出口方面，2017年我国食用大豆出口量为15万t，较2016年增加2万t，但仍没有超过20万t。

（三）大豆生产加工利润较低

2017年国内大豆加工依然以大豆食品加工、大豆压榨与精炼豆油为主，消耗大豆的比例大约为12%和85%。压榨和大豆精炼依然是我国大豆加工的主力，全年累计消耗大豆9 500万t，较2016年增加700万t。2017年我国新增大豆压榨产能1 270万t/年，全年产能利用率在60%左右。在企业生产利润方面，随着国内外市场行情的变化，占主导地位的压榨和精炼豆油企业虽然在年初等部分时段内存在盈利，但大部分时间仍处于亏损状态。

二、2017年我国大豆品种推广应用特点

（一）品种分布

2017年我国大豆主产区推广面积5万亩以上品种335个，累计推广面积10 134万亩，其中：推广面积10万亩以上品种202个，较2016年增加26个。北方春大豆品种125个、黄淮海夏大豆品种52个、南方多熟制大豆品种25个，主推品种面积占我国种植面积的92.2%。其中：推广面积200万亩以上品种有5个，分别为黑河43、克山1号、中黄13、绥农36、合农75，累计推广面积2 553万亩；推广面积100万～199万亩品种有11个，累计推广面积1 529万亩；推广面积50万～99万亩品种有26个，累计推广面积1 791万亩；推广面积20万～49万亩品种75个，累计推广面积2 362万亩；推广面积10万～19万亩品种85个，累计推广面积1 110万亩（图10-1）。这些品种具有熟期适中、稳产性好、适宜性广、耐逆性强、籽粒商品性优等特点。

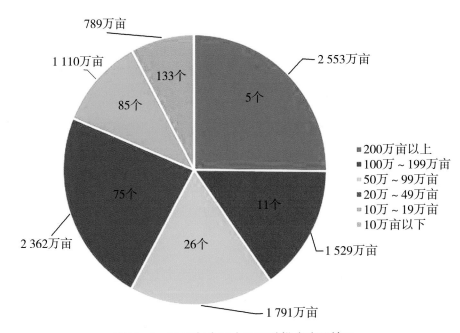

图10-1　2017年全国大豆品种推广应用情况

（二）主推品种

据对2016年和2017年大豆主要种植省份推广面积数据分析，2017年推广品种212个，较2016年增加20个；推广面积8 746万亩，较2016年增加1 630万亩，增长率为22.91%（表10-1）。

表10-1　2016—2017年我国主推大豆推广情况汇总[※]

省份（市、自治区）	2017年		2016年		2017年较2016年增加	
	品种数量（个）	推广面积（万亩）	品种数量（个）	推广面积（万亩）	推广面积（万亩）	面积比例（％）
黑龙江	85	4 969	85	3 914	1 055	26.95
吉林	13	334	9	179	155	86.59
辽宁	3	49	2	58	−9	−15.52
内蒙古	16	765	19	734	31	4.22
山西	5	91	2	48	43	89.58
宁夏	1	19	1	15	4	26.67
甘肃	2	48	2	41	7	17.07
陕西	5	69	3	71	−2	−2.82
河北	3	206	2	150	56	37.33
河南	21	627	12	390	237	60.77
山东	6	181	6	183	−2	−1.09
安徽	23	764	20	673	91	13.52
江苏	7	133	12	227	−94	−41.41
湖北	5	159	6	151	8	5.30
江西	2	26	0	0	26	/
浙江	3	39	4	50	−11	−22.00
四川	8	171	4	148	23	15.54
广西	3	62	1	36	26	72.22
重庆	1	34	2	48	−14	−29.17
合计	212	8 746	192	7 116	1 630	22.91

[※]：统计数据为推广面积10万亩以上品种情况，各省填报品种存在品种重合现象，表10-2同

（三）品种品质

2017年202个主推品种中优质品种68个，推广面积3 639万亩，占总面积31.1%；其中高油品种40个，占19.8%，主要推广于北方春大豆产区；高蛋白品种28个，占13.9%，主要推广于黄淮海夏大豆和南方多熟制大豆产区（表10-2）。

表10-2　2017年我国优质大豆推广情况汇总

推广区域	高脂肪品种		高蛋白品种	
	品种数量（个）	推广面积（万亩）	品种数量（个）	推广面积（万亩）
北方春大豆产区	31	2 185	10	489
黄淮海夏大豆	7	349	9	395
南方多熟制大豆产区	2	25	9	196
合计	40	2 559	28	1 080

（四）品种更新换代

对2015—2017年我国主要大豆生产区域推广面积前10位品种的推广年数进行分析：北方春大豆区平均推广年数分别为6.7年、8.6年和7.5年，其中推广年数超过10年的品种有4个；黄淮海夏大豆区平均推广年数分别为11.9年、10.3年和11.5年，其中推广年数超过10年的品种有5个；南方多熟制大豆产区平均推广年数分别为12.3年、15.8年、16.4年，推广年数均超过10年（表10-3）。从分析结果可以看出，我国大豆品种更新换代缓慢，特别是南方多熟制大豆产区。

表10-3　2015—2017年我国大豆品种更新换代分析

推广区域	2015年			2016年			2017年		
	品种名称	初次审定年份	推广年数	品种名称	初次审定年份	推广年数	品种名称	初次审定年份	推广年数
北方春大豆产区	黑河43	2007	9	黑河43	2007	10	黑河43	2007	11
	绥农35	2012	4	绥农36	2014	3	克山1号	2009	9
	合丰55	2008	8	合丰55	2008	9	绥农36	2014	4
	黑河38	2005	11	克山1号	2009	8	合农75	2015	3
	绥农36	2014	2	绥农35	2012	5	金源55	2014	4
	黑农68	2011	5	东生7	2012	5	黑农48	2004	14
	合丰50	2006	10	黑河38	2005	12	华疆2	2006	12
	北豆36	2010	6	合丰50	2006	11	合农76	2015	3
	华疆4	2007	9	东农48	2005	12	绥农44	2016	2
	北豆42	2013	3	华疆2	2006	11	黑河38	2005	13
	平均		6.7	平均		8.6	平均		7.5

117

（续表）

推广区域	2015年			2016年			2017年		
	品种名称	初次审定年份	推广年数	品种名称	初次审定年份	推广年数	品种名称	初次审定年份	推广年数
黄淮海夏大豆产区	中黄13	2000	16	中黄13	2000	17	中黄13	2000	18
	中黄37	2006	10	齐黄34	2012	5	齐黄34	2012	6
	冀豆12	1996	20	冀豆12	1996	21	冀豆12	1996	22
	皖豆28	2008	8	中黄37	2006	11	中黄37	2006	12
	齐黄34	2012	4	菏豆19号	2010	7	菏豆12号	2002	16
	徐豆9号	1998	18	郑豆0689	2015	2	郑196	2005	13
	菏豆13号	2005	11	周豆18	2009	8	周豆18	2009	9
	周豆12	2004	12	徐豆9号	1998	19	徐豆18	2011	7
	徐豆14	2006	10	徐豆18	2011	6	农大豆2号	2014	4
	冀豆17	2006	10	周豆19	2010	7	周豆19	2010	8
	平均		11.9	平均		10.3	平均		11.5
南方多熟制大豆产区	中黄13	2005	11	中黄13	2005	12	中黄13	2005	13
	贡选1号	2000	16	贡选1号	2000	17	南豆12	2008	10
	南豆12	2008	8	南豆12	2008	9	贡选1号	2000	18
	渝豆1号	1998	18	浙春2号	1987	30	渝豆1号	1998	20
	鄂豆8号	2005	11	渝豆1号	1998	19	鄂豆4号	1989	29
	天隆1号	2008	8	辽鲜1号	2007	10	鄂豆8号	2005	13
	鄂豆4号	1989	27	天隆1号	2008	9	台湾75	2000	18
	赣豆7号	2011	5	鄂豆8号	2005	12	桂夏一号	1999	19
	引豆9701	2001	15	鄂豆4号	1989	28	桂春8号	2007	11
	南黑豆20	2012	4	贡豆15	2005	12	贡豆15	2005	13
	平均		12.3	平均		15.8	平均		16.4

（五）品种商业化育种

2017年202个主推品种商业化育种程度总体较低，科企合作育成品种12个，占5.9%；企业育成品种20个，占9.9%。

三、品种存在的主要问题

（一）优质品种缺乏

由于品种审定制度的不完善，品质育种未得到足够重视，特别是高蛋白品种严重缺乏，削弱了我国食用大豆的品质优势。

（二）品种产量有待于进一步提高

目前我国大豆产量水平低，主推品种总体单产为150～200kg，品种产量除了受自然气候不稳定、生产条件差等因素影响外，主要还是优良种质资源挖掘不够、种质资源创新能力不足、超高产新品种遗传改良进度较低、优质高产品种更新换代缓慢。

（三）品种抗逆性有待提高

近年来，大豆生产季节灾害性天气多发，花荚期持续高温干旱，部分品种花器官发育不全，落花落荚现象时有发生，导致植株症青，结实率低，严重影响产量；同时，收获期连续阴雨天气，加重了植株病害发生，籽粒霉变率高，极大地影响了品种的品质和商品性。

（四）特用型品种缺乏

由于大豆丰富的营养价值，其用途十分广泛。鲜食大豆因其生产周期短、产量高、收益好而越来越受到市场的青睐，但新品种数量少，品种更新换代慢。同时，适用于豆制品加工的专用品种也不能满足市场的需求。

（五）机械化生产技术不完善

在农业生产方式上，将继续推进集中连片、规模种植，而我国特别是黄淮海以南地区品种农机农艺高度融合的全程机械化生产技术研发应用滞后。

第十一章
当前我国大豆各主产区推广的主要品种类型及表现

一、北方春大豆主产区

（一）本区概述

该区域包括我国黑龙江、吉林、辽宁、内蒙古、山西、陕西、甘肃等省（区）。品种主要类型为春大豆，油分含量高；亚有限结荚习性品种居多，主茎结荚为主，株高为85～120cm，适合垄上栽培技术；品种百粒重在20g左右，适合播种机械的作业。该区域品种应注意灰斑病、根腐病、胞囊线虫防控。

（二）品种审定情况

2017年国审大豆品种13个，其中高油（≥21.5%）品种7个，占审定品种的53.8%；8个品种由科研单位育成，占61.5%；5个品种由科研单位和企业联合育成，占38.5%。省审大豆品种95个，其中高蛋白（≥43.0%）品种8个，占审定品种的8.4%，高油（≥21.5%）品种35个，占审定品种的36.8%；特用型品种3个，占审定品种的3.2%。63个品种由科研单位育成，占66.3%；16个品种由企业育成，占16.8%；13个品种由科研单位和企业联合育成，占13.1%；3个品种由个人育成，占3.2%。

（三）主要推广品种情况

2017年该区域推广面积50万亩以上的大豆品种33个，其中200万亩以上品种有4个，推广面积100万～199万亩品种有7个，推广面积50～99万亩品种有22个。具体见表11-1。

二、黄淮海夏大豆主产区

（一）本区概述

该区域包括安徽（淮河以北）、河南、山东、河北、山西（南部）、陕西（关中）、甘肃（陇南）及江苏（淮河以北）等省份。品种主要类型为夏大豆，生育期100～110天，有限或亚有限品种为主，籽粒中、大粒型。该区域品种应注意胞囊线虫防控，及时防治虫害（点蜂缘椿、飞虱和蚜虫等），防止植株症青。

（二）品种审定情况

2017年国审大豆品种2个，均由科研单位育成。省审大豆品种21个，其中高蛋白（≥45.0%）品种6个，占审定品种的28.6%；高油（≥21.5%）品种2个，占审定品种的9.5%；特用型品种1个。17个品种由科研单位育成，占81.0%；4个品种由企业育成，占19.0%。

（三）主要推广品种情况

2017年该区域推广面积20万亩以上的大豆品种29个，其中推广面积100万亩以上品种有5个，推广面积50万～99万亩品种有3个，推广面积20万～49万亩品种有21个。具体见附表11-2。

三、南方多熟制大豆主产区

（一）本区概述

该区域包括江苏（南部）、安徽（南部）及湖北、湖南、浙江、江西、广东、广西、福建、四川、云南、贵州、重庆等省（市、自治区）。品种类型丰富，有春、夏、秋大豆，也是我国鲜食大豆主产区。该区域品种应注意防止植株倒伏、防控炭疽病发生等。

（二）品种审定情况

2017年国审大豆品种6个，5个品种由科研单位育成，占83.3%；1个品种由科研单位和企业联合育成，占16.7%。省审大豆品种20个，其中高蛋白（≥45.0%）品种6个，占审定品种的30.0%；高油（≥21.5%）品种2个，占审定品种的10.0%；特用型（鲜食）品种6个，占审定品种的30.0%。14个品种由科研单位育成，占70.0%；6个品种由科研单位和企业联合育成，占30.0%。

（三）主要推广品种情况

2017年该区域推广面积10万亩以上的大豆品种29个，其中推广面积50万亩以上品种有2个，推广面积20万～49万亩品种有8个，推广面积10万～19万亩品种有19个。具体见附表11-3。

表11-1　北方春大豆主要推广品种情况

品种名称	选育单位	优缺点	推广应用变化	风险提示
黑河43	黑龙江省农业科学院黑河农科所	丰产，稳产，抗病性强	2017年推广面积939万亩，较2016年增加272万亩	
克山1号	黑龙江省农业科学院克山分院	丰产，稳产，中感花叶病毒病及灰斑病	2017年推广面积600万亩，较2016年增加358万亩	1号和3号花叶病毒病重发区及灰斑病重发区不宜种植或需加强病害防治
绥农36	黑龙江省龙科种业集团有限公司	丰产，稳产，抗病性强，高油	2017年推广面积325万亩，较2016年增加82万亩	
合农75	黑龙江省农业科学院佳木斯分院、黑龙江省合丰种业有限责任公司	丰产，稳产，抗病性强，高油	2017年推广面积218万亩，较2016年增加191万亩	
金源55	黑龙江省农业科学院黑河分院	丰产，稳产，中感灰斑病	2017年推广面积180万亩，较2016年增加125万亩	灰斑病重发区不宜种植或需加强病害防治
黑农48	黑龙江省农业科学院大豆研究所	丰产，稳产，抗病性强，高蛋白	2017年推广面积180万亩，较2016年增加125万亩	
华疆2号	北安市华疆种业有限责任公司	丰产，稳产，感灰斑病	2017年推广面积141万亩，较2016年增加51万亩	灰斑病重发区不宜种植或需加强病害防治
合农76	黑龙江省农业科学院佳木斯分院、黑龙江省合丰种业有限责任公司	丰产，稳产，抗病性强	2017年推广面积133万亩，较2016年增加100万亩	
绥农44	黑龙江省农业科学院绥化分院、黑龙江省龙科种业集团有限公司	丰产，稳产，抗病性强	2017年推广面积126万亩，较2016年增加121万亩	
黑河38	黑龙江省农业科学院黑河农业科学研究所	丰产，稳产，中感灰斑病	2017年推广面积121万亩	灰斑病重发区不宜种植或需加强病害防治
垦丰16	黑龙江省农垦科学院作物所	丰产，稳产，抗病性强	2017年推广面积104万亩，较2016年增加42万亩	

（续表）

品种名称	选育单位	优缺点	推广应用变化	风险提示
黑河45	黑龙江省农业科学院黑河农科所	丰产，稳产，抗病性强	2017年推广面积99万亩，较2016年增加60万亩	
东农48	东北农业大学大豆科学研究所	丰产，稳产，抗病性强，高蛋白	2017年推广面积99万亩，较2016年增加1万亩	
合农95	黑龙江省农业科学院佳木斯分院	丰产，稳产，抗病性强	2017年推广面积92万亩，较2016年增加68万亩	
东农60	东北农业大学大豆科学研究所	丰产，稳产，抗病性强，高蛋白	2017年推广面积90万亩，较2016年增加22万亩	
登科5号	莫旗登科种业有限责任公司、呼伦贝尔市种子管理站	丰产，稳产，抗病性较强，高油	2017年推广面积86万亩，较2016年增加16万亩	花叶病毒病重发区需加强病害防治
绥农38	黑龙江省龙科种业集团有限公司	丰产，稳产，抗病性强	2017年推广面积85万亩，较2016年增加23万亩	
东生7	中国科学院东北地理与农业生态研究所	丰产，稳产，抗病性强	2017年推广面积84万亩，较2016年减少64万亩	
合农69	黑龙江省农业科学院佳木斯分院、黑龙江省合丰种业有限责任公司	丰产，稳产，抗病性强	2017年推广面积84万亩，较2016年增加67万亩	
绥农26	黑龙江省农业科学院绥化分院	丰产，稳产，抗病性强，高油	2017年推广面积83万亩，较2016年增加53万亩	
合丰55	黑龙江省农业科学院合江农业科学研究所	丰产，稳产，抗病性强，高油	2017年推广面积71万亩，较2016年减少159万亩	
垦豆40	黑龙江省农垦科学院农作物开发研究所	丰产，稳产，抗病性强，高油，中感花叶病毒病1和3号株系	2017年推广面积68万亩，较2016年增加62万亩	花叶病毒病重发区需加强病害防治

（续表）

品种名称	选育单位	优缺点	推广应用变化	风险提示
吉农38	吉林农业大学	丰产，稳产，抗病性强，高油	2017年推广面积67万亩	
东生1	中国科学院东北地理与农业生态研究所	丰产，稳产，抗病性强	2017年推广面积65万亩，较2016年减少万亩	
天源1号	大杨树天源种业科技发展有限责任公司	丰产，稳产，感灰斑病	2017年推广面积65万亩，较2016年增加37万亩	灰斑病重发区需加强病害防治
北兴1号	孙吴县北早种业有限责任公司	丰产，稳产，抗病性强	2017年推广面积63万亩，较2016年增加16万亩	灰斑病重发区需加强病害防治
黑河35	黑龙江省农业科学院黑河农科所	丰产，稳产，抗病性强	2017年推广面积59万亩，较2016年增加24万亩	
合丰50	黑龙江省农业科学院合江农业科学研究所	丰产，稳产，抗病性强，高油	2017年推广面积56万亩，较2016年减少54万亩	花叶病毒3号株系引起的病害重发区需加强防治
黑河52	黑龙江省农业科学院黑河分院	丰产，稳产，抗病性强	2017年推广面积53万亩，较2016年增加32万亩	
垦丰17	黑龙江省农垦科学院作物所	丰产，稳产，抗病性强	2017年推广面积52万亩，较2016年增加39万亩	
登科8号	莫旗登科种业有限责任公司、五大连池市富民种子有限责任公司	丰产，稳产，抗病性强	2017年推广面积52万亩，较2016年增加31万亩	花叶病毒3号株系引起的病害重发区需加强防治
黑农52	黑龙江省农业科学院大豆研究所	丰产，稳产，抗病性强	2017年推广面积52万亩，较2016年增加45万亩	
绥农28	黑龙江省农业科学院绥化农业科学研究所	丰产，稳产，抗病性强，高油	2017年该区域推广面积51万亩，较2016年增加19万亩	

表11-2　黄淮海夏大豆主要推广品种情况

品种名称	选育单位	优缺点	推广应用变化	风险提示
中黄13	中国农业科学院作物科学研究所	丰产，稳产，抗病性强	2017年推广面积383万亩，较2016年减少31万亩	花叶病毒3和7号株系引起的病害的重发区需加强防治
齐黄34	山东省农业科学院作物研究所	丰产，稳产，抗病性强	2017年推广面积179万亩，较2016年增加18万亩	
冀豆12	河北省农林科学院粮油作物研究所	丰产，稳产，抗病性强，高蛋白	2017年推广面积151万亩，较2016年增加19万亩	
中黄37	中国农业科学院作物科学研究所	丰产，稳产，抗病性较强	2017年推广面积113万亩，较2016年增加17万亩	胞囊线虫引起的病害的重发区需加强防治
菏豆19	山东省菏泽市农业科学院	丰产，稳产，抗病性强	2017年推广面积101万亩，较2016年增加32万亩	花叶病毒病3和7号株系引起的病害重发区需加强田间防治；胞囊线虫病1号生理小种引起病害的重发区不宜种植或田间加强防治
郑196	河南省农业科学院经济作物研究所	丰产，稳产，抗病性强	2017年推广面积61万亩，较2016年增加54万亩	花叶病毒7号株系及胞囊线虫病1号生理小种所引起的病虫害的重发区需加强防治
周豆18	周口市农业科学院	丰产，稳产，抗病性强，高油	2017年推广面积51万亩，较2016年增加9万亩	花叶病毒7号株系引起的病害重发需加强防治；胞囊线虫病1号生理小种引起的病害重发区不宜种植或加强田间防治
徐豆18	江苏徐淮地区徐州农业科学研究所	丰产，稳产，抗病性强	2017年推广面积50万亩，较2016年增加13万亩	胞囊线虫病1号生理小种引发的病害重发区不宜种植或加强田间防治
农大豆2号	河北农业大学	丰产，稳产，抗病性较强	2017年推广面积45万亩，较2016年增加27万亩	田间抗病性较强，在病虫害常发区，加强田间防治

（续表）

品种名称	选育单位	优缺点	推广应用变化	风险提示
周豆19	周口市农业科学院	丰产，稳产，抗病性较强，高油	2017年推广面积45万亩，较2016年增加9万亩	胞囊线虫病1号生理小种引起的胞囊线虫病重发区需加强田间防治
菏豆13	山东省菏泽市农业科学院	丰产，稳产，抗病性较强	2017年推广面积44万亩，较2016年增加7万亩	花叶病毒病引起的病害的重发区需加强田间防治；胞囊线虫病的重发区不宜种植或加强田间防治
郑豆0689	河南省农业科学院芝麻研究中心	丰产，稳产，抗病性强	2017年推广面积43万亩，较2016年减少5万亩	
临豆10号	山东省临沂市农业科学院	丰产，稳产，抗病性强	2017年推广面积43万亩，较2016年减少1万亩	
中黄57	中国农业科学院作物科学研究所	丰产，稳产，抗病性强	2017年推广面积41万亩，较2016年增加29万亩	
皖豆28	安徽省农业科学院作物研究所	丰产，稳产，抗病性较强，高蛋白	2017年推广面积40万亩，较2016年增加16万亩	花叶病毒病3号株系、胞囊线虫病1号生理小种引起的病害的重发区需加强田间防治
徐豆14	江苏徐淮地区徐州农业科学研究所	丰产，稳产，抗病性较强	2017年推广面积38万亩，较2016年增加10万亩	胞囊线虫病1号生理小种所引发的病害重发区需加强田间防治
徐豆9号	江苏徐淮地区徐州农业科学研究所	丰产，稳产，抗病性强	2017年推广面积38万亩，较2016年减少1万亩	
徐豆16	江苏徐淮地区徐州农业科学研究所	丰产，稳产，抗病性较强	2017年推广面积35万亩，较2016年增加7万亩	胞囊线虫病1号生理小种引起的病害重发区不宜种植或需加强田间防治
皖豆15	安徽省潘湖村农场农科所	丰产，稳产，抗病性强，高蛋白	2017年推广面积35万亩，较2016年减少7万亩	

（续表）

品种名称	选育单位	优缺点	推广应用变化	风险提示
商豆6号	商丘市农林科学研究所	丰产，稳产，抗病性较强	2017年推广面积34万亩，较2016年增加13万亩	花叶病毒病3号株系所引起病害的重发区需加强田间防治
菏豆15	菏泽市农业科学院	丰产，稳产，抗病性较强	2017年推广面积34万亩，较2016年增加16万亩	花叶病毒病3号株系、胞囊线虫病1号生理小种所引起病虫害重发区需加强田间防治
周豆12	河南省周口市农科所	丰产，稳产，抗病性强	2017年推广面积34万亩，较2016年增加17万亩	
濉科998	濉溪县科技开发中心	丰产，稳产，抗病性较强	2017年推广面积33万亩，较2016年增加4万亩	胞囊线虫病重发区不宜种植或加强病害防治
豫豆29号	河南省农业科学院棉油所	丰产，稳产，抗病性强	2017年推广面积30万亩，较2016年增加3万亩	
中黄39	中国农业科学院作物科学研究所	丰产，稳产，抗病性较强，高油	2017年推广面积29万亩，较2016年增加11万亩	胞囊线虫病重发区需加强病害防治
豫豆22号	河南省农科院经作所	丰产，稳产，抗病性强，高蛋白	2017年推广面积26万亩，较2016年减少9万亩	
冀豆17	河北省农林科学院粮油作物研究所	丰产，稳产，抗病性较强，高油	2017年推广面积24万亩，较2016年增加9万亩	花叶病毒8号株系引起的花叶病毒病重灾区和胞囊线虫病重发区需加强病害防治
阜豆9号	阜阳市农业科学研究所	丰产，稳产，抗病性较强	2017年推广面积22万亩，较2016年增加7万亩	胞囊线虫胞囊线虫病重发区不宜种植或加强病害防治
菏豆12	山东省菏泽市农科所	丰产，稳产，抗病性强	2017年推广面积21万亩，较2016年增加10万亩	

表11-3　南方多熟制大豆主要推广品种情况

品种名称	选育单位	优缺点	推广应用变化	风险提示
中黄13	中国农业科学院作物科学研究所	丰产，稳产，抗病性较强	2017年推广面积88万亩，较2016年增加10万亩	花叶病毒3和7号株系引起的病害重发区需加强防治
南豆12	南充市农业科学研究所	丰产，稳产，抗病性强，高蛋白	2017年推广面积53万亩，较2016年增加5万亩	
贡选1号	自贡市农科所	丰产，稳产，抗病性强，高蛋白	2017年推广面积42万亩，较2016年减少24万亩	
渝豆1号	忠县科委、重庆市土肥站	丰产，稳产，抗病性强	2017年推广面积34万亩，较2016年减少3万亩	
鄂豆4号	仙桃市国营九合垸原种场	丰产，稳产，抗病性较强，高蛋白	2017年推广面积33万亩，较2016年增加8万亩	轻感斑点病，需在雨水旺盛期加强病害防治
鄂豆8号	仙桃市国营九合垸原种场	丰产，稳产，抗病性较强	2017年推广面积31万亩，较2016年增加2万亩	轻感斑点病，需在雨水旺盛期加强病害防治
台湾75	慈溪市蔬菜开发公司	丰产，稳产	2017年推广面积27万亩，较2016年增加16万亩	
桂夏一号	广西玉米研究所	丰产，稳产，抗病性强	适宜广西各地种植，尤其是桂西南和桂中在玉米地套种	
桂春8号	广西壮族自治区玉米研究所	丰产，稳产，抗病性强	2017年推广面积22万亩	轻感斑点病，需在雨水旺盛期加强病害防治
贡豆15	自贡市农科所	丰产，稳产，抗病性强	2017年推广面积20万亩，较2016年减少4万亩	
辽鲜1号	沈阳市先锋大豆种子有限公司	丰产，稳产	2017年推广面积18万亩，较2016年减少27万亩	
天隆1号	中国农业科学院油料作物研究所	丰产，稳产，抗病性较强	2017年推广面积17万亩，较2016年减少16万亩	花叶病毒7号株系引起的病害重发区需加强防治

（续表）

品种名称	选育单位	优缺点	推广应用变化	风险提示
引豆9701	浙江省农业厅农作物管理局	丰产，稳产，抗病性强	2017年推广面积17万亩，较2016年增加1万亩	
桂夏3号	广西壮族自治区玉米研究所	丰产，稳产，抗病性较强	2017年推广面积14万亩，较2016年增加8万亩	花叶病毒7号株系引起的病害重发区需加强防治
贡秋豆4号	自贡市农业科学研究所	丰产，稳产，抗病性较强，高蛋白	2017年推广面积13万亩，较2016年增加8万亩	
通豆6号	江苏沿江地区农业科学研究所	丰产，稳产，抗病性较强	2017年推广面积13万亩，较2016年增加3万亩	具有较轻的田间花叶病毒病症状，需注意防治
南春豆31	南充市农业科学院所	丰产，稳产，抗病性强，高蛋白	2017年推广面积13万亩	
荆豆4号	荆州市农业科学院	丰产，稳产，抗病性较强，高油	2017年该区域推广面积13万亩，较2016年增加8万亩	具有较轻的田间花叶病毒病症状，需注意防治
中豆33	中国农业科学院油料作物研究所	丰产，稳产，抗病性较强，高蛋白	2017年推广面积12万亩，较2016年减少1万亩	具有较轻的田间花叶病毒病症状，需注意防治
金大豆626	当阳市两河镇农业服务中心	丰产，稳产，抗病性较强	2017年推广面积12万亩，较2016年减少1万亩	具有较轻的田间花叶病毒病症状，需注意防治
桂春豆103	广西农业科学院经济作物研究所	丰产，稳产，抗病性强，高油	2017年推广面积12万亩	
赣豆7号	江西省农业科学院作物研究所	丰产，稳产，抗病性强，高蛋白	2017年推广面积11万亩，较2016年减少6万亩	
成豆15	四川省农业科学院作物研究所	丰产，稳产，抗病性强	2017年推广面积11万亩	
南夏豆25	南充市农业科学院	丰产，稳产，抗病性强，高蛋白	2017年推广面积11万亩，较2016年增加1万亩	
春丰早	浙江省农业新品种引进开发中心	丰产，稳产，抗病性强	2017年推广面积11万亩，与2016年相当	
鄂豆10号	仙桃市长青大豆研究所、武汉金丰收种业有限公司	丰产，稳产，抗病性较强	2017年推广面积11万亩，较2016年增加2万亩	花叶病毒7号株系引起的病害重发区需加强防治

（续表）

品种名称	选育单位	优缺点	推广应用变化	风险提示
鄂豆7号	仙桃市九合垸原种场	丰产，稳产，抗病性强，高蛋白	2017年推广面积10万亩，较2016年减少1万亩	
南黑豆20	南充市农业科学院	丰产，稳产，抗病性强，高蛋白	2017年推广面积10万亩，较2016年增加1万亩	
沪宁95-1	南京农业大学大豆所	丰产，稳产，抗病性强	2017年推广面积10万亩，较2016年减少1万亩	

第十二章
我国大豆种业发展趋势

一、大豆种植面积回升趋势明显

随着农业供给侧结构性改革的推进，粮豆轮作补贴试点工作的有序开展，农民种植大豆意愿得以增强，进一步调动种植大户、合作社等新型经营主体玉米改种大豆轮作的积极性，可促进种植结构优化。

二、绿色优质品种发展势头强劲

大豆是我国重要的优质植物蛋白和食用油来源，在改善居民生活中具有不可替代的作用。随着我国居民生活水平日益提高，消费者对品种质量、营养价值、绿色安全等需求逐步提升，品种由以前的数量型消费提升为质量型消费。

三、品种结构呈多元化发展

居民生活饮食结构的调整，对不同用途的品种需求差异化明显，促使大豆品种结构需求向多元化、专用性转型。如：筛选具鲜荚大、荚熟色好、籽粒皮薄、口感甜糯等特点的鲜食大豆；筛选适宜豆腐干、豆豉、酱油等加工型品种等。

四、强化机械化生产品种

重点挖掘一批耐密植、抗倒伏性强、适宜机械化生产的"农机+农艺"相适应的品种，并针对品种研发配套的栽培技术，有效提高产量水平；同时，积极发展适宜带状复合种植、间套作种植和"水稻—大豆"轮作等种植模式的适宜机械化生产要求的品种。

五、轻简化品种呈必然上升趋势

当前我国农村劳力不够、劳动力弱化、用工成本高等问题突出，新技术的应用与推广难度大，生产和管理能力下降，致使品产量难以进一步提高。因此，农业适度规模经营下的新型经营主体对轻简化品种需求强烈，促进了适宜轻简化种植品种的发展。

六、适宜规模化种植、专业化生产品种趋势更加明显

随着大豆加工企业逐渐实现精深加工的升级，大豆需求呈旺盛之势，亟须通过调整农业产业结构和布局，发展适度规模经营，形成"一村一品"或"一县一品"的连片生产格局，稳定专业化大豆生产基地。

七、保护非转基因大豆品牌形成共识

全球对非转基因大豆的需求正在逐渐增加，特别是在欧洲，是非转基因大豆的最主要消费市场。我国大豆亟待打造"非转基因"品牌，在满足国内需求的同时，拓展非转基因大豆国际市场空间，不断促进国产大豆国际化发展。

第五部分　棉　花

第十三章
2017年我国棉花生产形势

一、2017年我国棉花生产及贸易概况

（一）棉花面积下降、产量增长

据国家统计局数据，2017年我国棉花播种面积4 844.5万亩，比2016年减少219.9万亩，下降4.3%；2017年全国棉花单位面积产量113.2kg/亩，比2016年增加7.7kg/亩，提高7.3%；2017年全国棉花总产量548.6万t，比2016年增加14.2万t，增长2.7%。2017年我国共有17个省、市或自治区有棉花种植，有9个省（区）棉花种植面积大于50万亩，5个省（区）棉花种植面积大于200万亩，依次为新疆、山东、河北、湖北和安徽（表13-1）。新疆（含新疆生产建设兵团）棉花播种面积2 944.7万亩，占全国的60.8%，总产为408.2万t，占全国的74.4%，单位面积产量为138.6kg/亩，比全国平均水平高22.4%。黄河流域棉区植棉面积为1 039万亩，占全国植棉总面积的21.5%；总产为79.2万t，占全国棉花总产的14.4%。长江流域棉区植棉面积为829.35万亩，占全国植棉总面积的17.1%；总产为79.2万t，占全国棉花总产的10.6%。相比于2007年和2012年，我国棉花生产正快速从西北内陆棉区、黄河流域棉区和长江流域棉区棉花生产三足鼎立局面进一步向新疆转移（图13-1）。

表13-1　2017年全国棉花生产总体情况

棉区	省（区）	播种面积（万亩）	面积占比（%）	单位面积产量（kg/亩）	为全国单产水平（%）	总产量（万t）	总产占比（%）
黄河流域	山东	436.2	9.00	79.07	69.83	34.5	6.29
	河北	414	8.55	72.64	64.15	30.1	5.49
	河南	120	2.48	72.69	64.19	8.7	1.59
	天津	34.65	0.72	80.08	70.72	2.8	0.51
	陕西	25.5	0.53	91.19	80.53	2.3	0.42
	山西	9.15	0.19	93.60	82.66	0.8	0.15
西北	新疆	2 944.65	60.78	138.62	122.41	408.2	74.41
	甘肃	25.2	0.52	108.59	95.90	2.7	0.49
长江流域	湖北	304.05	6.28	59.77	52.78	18.2	3.32
	安徽	220.5	4.55	64.69	57.12	14.3	2.61
	湖南	139.35	2.88	76.30	67.38	10.6	1.93
	江西	75.9	1.57	101.08	89.26	7.7	1.40
	江苏	62.4	1.29	81.73	72.17	5.1	0.93
	浙江	14.25	0.29	95.21	84.08	1.4	0.26
	四川	12.9	0.27	64.53	56.98	0.8	0.15
西南	广西	3.15	0.07	78.59	69.40	0.3	0.05
	贵州	2.1	0.04	52.35	46.23	0.1	0.02
全国	总计	4 844.4	100	113.24	100	548.6	100

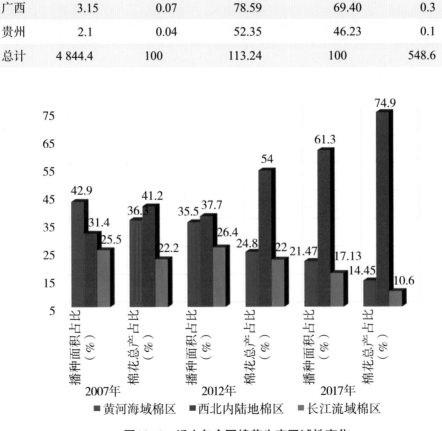

图13-1　近十年全国棉花生产区域性变化

（二）棉花机采比例提高

2017年全国棉花机采仍以新疆为主，新疆棉花机采率为39%左右。新疆维吾尔自治区棉花机采率为25%以上，同比增长4%。北疆棉花机采率达80%，南疆机采棉为17.4%。南疆由于当地劳动力短缺，人工成本持续增加，机采棉水平有望持续较快提高。2017年新疆兵团棉花机采率达80%，同比增长11%；新疆兵团棉花全程机械化程序高，全程机械化率94%。拥有采棉机2 221台，机采面积795万亩。黄河流域、长江流域棉区机采发展开始起步，除山东省机采棉面积约为3万亩外，其他省均处在小面积示范状态。

（三）植棉成本增加

2017年全国棉花植棉收益持续下降，主要表现在人工成本的进一步增加。2017年新疆棉花植棉成本较往年有所增加。种子、农资、水费、雇工费、管地费等均上涨。实地调研发现，2017年新疆棉花目标价格补贴为0.63元/kg，南疆面积补贴为57元/亩，特种棉补贴为0.82元/kg，补贴后平均亩收益在550～750元/亩。兵团棉花生产平均成本在1 400元/亩，自有地棉农生产平均成本约为1 200元/亩，承包土地的棉农平均成本约为1 800元/亩，平均亩收益在903元/亩。2017年黄河流域棉区和长江流域棉区植棉收益继续减少，收益减少主要来源为用工统计增加以及人工价格快速增加。收益减少严重挫伤棉农植棉的积极性。

（四）棉花进口增加

2017年，我国进口棉花116万t，同比增长28.6%；出口棉花1.7万t，同比增长120.2%。由于国内纺纱成本上升、棉花进口配额限制，近年来，我国棉纱线进口数量快速增长。2017年，我国棉纱线进口量为198万t，与2016年基本持平。2017年我国棉纱线出口数量为39.351 2万t，同比增长10.6%（图13-2）。

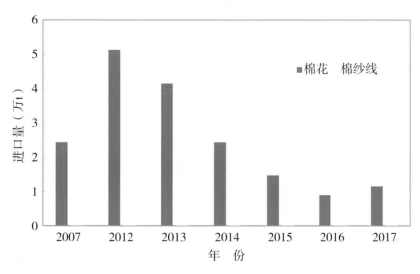

图13-2　十年来我国棉花与棉纱线进口情况

二、2017年全国棉花纤维品质检测总体情况

根据2017年中国纤维检验局对棉花质量监督检验情况汇总，新疆作为我国棉花主产区，检验量占全国的94.55%。内地棉区检验量逐步进入平稳期，黄河流域棉区检验量同比增长51.20%，长江流域棉区同比下降2.43%。

总体来看，2017/2018年度全国新体制棉花细绒棉综合质量有所提升。从颜色和轧工质量来看，颜色级指标区域化差异较为明显，近年来各区域检验量占比逐渐趋于稳定，因此颜色级指标变化不大，以白棉为主，且绝大多数都集中在白棉2级与白棉3级两档。轧工质量主要集中在中档，中档及以上占比达到98.67%。从纤维长度来看，平均长度基本与上年持平，但平均长度整齐度指数有所下降，其中，长度指标体现在30～32mm长度级与28～29mm长度级的棉花保持上一年度占比，较往年均大幅增加。从纤维内在品质来看，马克隆值和断裂比强度两项指标表现均较为良好；其中，马克隆值指标较上一年度再度提升，A级占比明显增加，C2档过成熟棉占比减少；平均断裂比强度指标回升，强级以上棉花占比提高。

作为全国最大棉花产区新疆2017/2018年度棉花各项质量指标与上年度相比，平均长度降低0.02mm、平均长度整齐度指数降低0.43%、马克隆值A+B级占比增加了1.57%、平均断裂比强度提高0.13cN/tex，总体内在质量状况好于2016年度。

三、2017年我国棉花品种推广应用特点

新中国成立以来，我国主要棉产区进行了七次大规模的品种更换或更新，每次都使棉花单产提高10%左右。20世纪50年代初期，我国完成了从美国进口陆地棉品种（岱字15号等）取代了亚洲棉（中棉）和退化陆地棉品种。到1981年，我国全面推广自主选育陆地棉品种，自育棉花品种种植面积由8.8%提高到80%以上。同时由于棉花抗枯萎病抗源的发掘和利用，我国棉花品种的抗枯萎病水平在20世纪80年代获得显著提升。抗病、优质和早熟棉花品种，如中棉所12、86-1和泗棉3号等得到大面积推广。1980年，全国商品棉平均绒长27.8mm，比新中国成立初期提高了5.9mm。1981—2000年，我国12个自育陆地棉品种年种植面积超过30万hm²，其中鲁棉1号到1984年累计种植面积超过666万hm²，中棉所12到1993年累计种植面积达733万hm²。20世纪80年代中后期，生产上连续出现棉铃虫爆发。美国岱字棉公司的转Bt基因抗虫棉花品种33B在1997年通过河北省审定，这是我国第一个通过审定的转基因抗虫棉品种。1998年，中棉所29等国产转基因抗虫棉品种通过国家审定，我国的自育转基因抗虫棉品种快速增加，并在2007年国产抗虫棉品种占主导地位，实现了我国棉花品种的第七次更新换代。20世纪末，我国长江流域开始大规模种植杂交棉，转基因抗虫杂交棉品种选育及推广应用成为21世纪初长江流域棉区的重要标志，鄂杂棉10号等品种推广面积大，应用时间长。

近年来随着产业结构调整，我国棉花生产重点转移到以新疆为主的西北内陆棉区，棉花品种以常规早熟和早中熟为主。

（一）品种类型

新疆陆地棉为早熟品种、中早熟品种，长绒棉为零式果枝海岛棉，主要以常规种为主；生产上主要采用高密度种植技术、膜下滴灌技术、机采棉种植与收获技术、精量播种技术，与2016年基本相同。黄河流域棉区以中早熟常规转基因抗虫陆地棉品种为主，其中河北省常规棉花品种种植面积占90%，杂交品种种植面积占10%左右。山东省棉花品种类型有常规棉、杂交棉和短季棉品种，其中常规品种占比67.8%，杂交品种占比30.1%，早熟夏棉品种占比2.1%。长江流域棉区以中早熟杂交转基因陆地棉品种为主，占95%左右；生产上播种方式主要是营养钵育苗移栽。

（二）主导品种推广应用情况

新疆棉区年推广面积大于5万亩的品种有46个，其中南疆棉区品种占21个，北疆棉区品种占19个，海岛棉占6个。中棉所49、新陆中46号、新陆中37号、新陆中54号和新陆早61号等品种年推广面积大于100万亩（表13-2至表13-4）。

表13-2　2017年南疆推广面积大于20万亩的品种

序号	名称	面积（万亩）	地域占比（％）	选育单位	审定编号	审定年份
1	中棉49号	270.70	11.95	中国农业科学院棉花研究所	国审棉2004003	2004
2	新陆中46号	146.40	6.46	河南科林种业、巴州禾春洲种业	新审棉2010年44号	2010
3	新陆中37号	119.40	5.27	新疆塔河种业股份有限公司	新审棉2008年35号	2008
4	新陆中54号	101.89	4.50	新疆农业科学院经济作物研究所	新审棉2012第52号	2012
5	新陆中72号	86.00	3.80	新疆承天种业有限责任公司	新审棉2014年61号	2014
6	新陆中47号	73.55	3.25	新疆巴州农业科学研究所	新审棉2010年45号	2010
7	新陆中66号	72.00	3.18	新疆美丰种业有限公司、石河子大有赢得种业有限公司	新审棉2013年47号	2013
8	新陆中59号	57.57	2.54	库尔勒神生种业	新审棉2012年57号	2012
9	新陆中67号	55.81	2.46	塔里木大学	新审棉2013年48号	2013
10	新陆中71号	55.00	2.43	新疆巴州农业科学研究所	新审棉2014年60号	2014
11	新陆中65号	48.00	2.12	新疆富全新科种业有限责任公司	新审棉2013年46号	2013
12	新陆中69号	48.00	2.12	新疆巴州农业科学研究所、库尔勒惠祥棉种有限公司	新审棉2013年50号	2013

（续表）

序号	名称	面积（万亩）	地域占比（%）	选育单位	审定编号	审定年份
13	新陆中50号	46.15	2.04	石河子新农村种业	新审棉2011年45号	2011
14	新陆中80号	45.50	2.01	新疆农业科学院经济作物研究所	新审棉2016年29号	2016
15	新陆中38号	40.00	1.77	新疆康地种业	新审棉2009年51号	2009
16	新陆中64号	34.57	1.53	新疆巴州农业科学研究所、新疆金丰源种业股份有限公司	新审棉2013年45号	2013

表13-3　2017年北疆推广面积大于20万亩的品种

序号	名称	面积（万亩）	地域占比（%）	选育单位	审定编号	审定年份
1	新陆早61号	192.80	8.51	石河子农业科学院、石河子市庄稼汉农业科技有限公司	新审棉2013年39号	2013
2	新陆早57号	63.40	2.80	新疆农业科学院经济作物研究所	新审棉2013年35号	2013
3	新陆早64号	50.00	2.21	石河子丰凯农业科技有限公司	新审棉2014年55号	2014
4	新陆早45号	49.70	2.19	新疆农垦科学院、新疆西部种业	新审棉2010年37号	2010
5	新陆早40号	40.00	1.77	新疆农垦科学院棉花所	新审棉2009年56号	2009
6	新陆早33号	30.57	1.35	新疆农垦科学院棉花所	新审棉2007年58号	2007
7	新陆早50号	30.25	1.34	新疆农业科学院经济作物研究所	新审棉2011年43号	2011
8	新陆早41号	30.00	1.32	新疆富全新科种业	新审棉2009年57号	2009
9	新陆早42号	29.79	1.31	新疆农垦科学院棉花所	新审棉2009年58号	2009
10	新陆早56号	22.20	0.98	石河子农业科学院	新审棉2012年51号	2012
11	新陆早26号	22.00	0.97	新疆天合种业	新审棉2006年51号	2006
12	新陆早54号	21.90	0.97	新疆金宏祥高科公司	新审棉2012年49号	2012

表13-4　海岛棉推广面积大于20万亩的品种

序号	品种	面积（万亩）	地域占比（%）	选育单位	审定编号	审定年份
1	新海48号	58.00	25.37	新疆农业科学院经济作物研究所、新疆金丰源种业股份有限公司	新审棉2014年69号	2014
2	新海44号	42.30	18.50	新疆棉城种业有限公司	新审棉2013年53号	2013
3	新海43号	35.50	15.53	新疆农业科学院经济作物研究所	新审棉2013年52号	2013

（续表）

序号	品种	面积（万亩）	地域占比（%）	选育单位	审定编号	审定年份
4	新海45号	35.30	15.44	新疆巴州农业科学研究院、新疆金丰源种业有限公司	新审棉2014年66号	2014
5	新海58号	35.00	15.31	新疆巴音郭楞蒙古自治州农业科学研究院、新疆金丰源种业股份有限公司	新审棉2016年34号	2016
6	新海31号	22.54	9.86	新疆天丰种业	新审棉2008年38号	2008

黄河流域2017年推广面积超过10万亩的棉花品种共有17个，其中常规棉花品种15个，杂交品种2个。鲁棉研28号、农大601、冀863、鲁棉研37号、国欣棉3号、农大棉8号、冀丰1982和农大棉10号等品种在生产上应用面积超过20万亩（表13-5）。

表13-5 2017年黄河流域种植面积大于10万亩的主导棉花品种情况

品种名称	应用面积（万亩）	面积占比（%）	选育单位	审定编号	审定年份	品种类型
鲁棉研28号	54.80	5.27	山东棉花研究中心、中国农业科学院生物技术研究所	国审棉2006012	2006	常规
农大601	45.68	4.40	河北农业大学	冀审棉2012001号	2012	常规
冀863	41.67	4.01	河北省农林科学院棉花研究所	冀审棉2010008号	2010	常规
鲁棉研37号	36.80	3.54	山东棉花研究中心	鲁农审2009024号	2009	常规
国欣棉3号	27.70	2.67	河间市国欣农村技术服务总会	国审棉2006003	2006	常规
农大棉8号	27.24	2.62	河北农业大学	冀审棉2006001号	2006	常规
冀丰1982	24.44	2.35	河北省农林科学院粮油作物研究所	冀审棉2014001号	2014	常规
农大棉10号	22.90	2.20	河北农业大学	冀审棉2015007号	2015	杂交
冀棉958	18.70	1.80	中国农业科学院生物技术研究所	国审棉2006005	2006	常规
冀棉229	17.63	1.70	河北省农林科学院棉花研究所	冀审棉2013004号	2013	常规
晋棉38	17.50	1.68	山西省农业科学院棉花研究所	鲁农审2006032号	2006	常规
国欣棉9号	15.40	1.48	河间市国欣农村技术服务总会	国审棉2009004	2009	常规
石抗126	14.02	1.35	石家庄市农业科学研究院、中国科学院遗传与发育生物学研究所	国审棉2008002	2008	常规
鲁棉研36号	14.00	1.35	山东棉花研究中心	鲁农审2009022号	2009	常规
衡优12	10.20	0.98	河北农业科学院旱作农业研究所	审棉2015005号	2015	杂交
冀丰914	10.02	0.96	河北省农林科学院粮油作物研究所、河北冀丰棉花科技有限公司	国审棉2015003	2015	常规
苗宝21	10.02	0.96	山东苗宝种业有限公司	国审棉2012001	2012	常规

长江流域2017年推广面积超过10万亩的棉花品种共有9个，全部为杂交种。其中有8个为国审品种，1个为湖北省审定品种。代表性主推品种，如鄂杂棉10号、中棉所63、创075、中棉所63、铜杂411和华杂棉H318均有20万亩以上应用面积（表13-6）。

表13-6　2017年长江流域应用面积大于10万亩主导棉花品种情况

品种名称	应用面积（万亩）	面积占比（%）	选育单位	审定编号	审定年份	品种类型
鄂杂棉10号F₁	38.75	4.67	湖北惠民种业有限公司	国审棉2005014	2005	杂交种
鄂杂棉29 F₁	36.20	4.36	荆州市霞光农业科学试验站	国审棉2011006	2011	杂交种
创075	27.28	3.29	创世纪转基因技术有限公司	国审棉2010008	2010	杂交种
中棉所63	26.90	3.24	中国农业科学院棉花研究所	国审棉2007017	2007	杂交种
铜杂411	23.97	2.89	铜山县华茂棉花研究所	国审棉2009019	2009	杂交种
华杂棉H318	22.40	2.7	华中农业大学	国审棉2009018	2009	杂交种
鄂杂棉11	15.00	1.81	湖北惠民种业有限公司	鄂审棉2005004	2005	杂交种
鄂杂棉26	11.55	1.39	湖北省国营三湖农场农业科学研究所	国审棉2009020	2009	杂交种
中棉所66	10.95	1.32	中国农业科学院棉花研究所、中国农业科学院生物技术研究所	国审棉2008020	2008	杂交种

（三）品种更新换代情况

新疆2017年推广面积超过20万亩的34个棉花品种应用年份为1～13年。其中南疆主导品种中近5年育成品种有10个，占南疆植棉面积的26%；近10年育成的主导品种有15个，占南疆植棉面积的26%。唯一一个应用时间超过10年的主导品种为中棉所49，占南疆植棉面积的12%。北疆主导品种中近5年育成品种有5个，占北疆植棉面积的15.47%；近10年育成品种有9个，占北疆植棉面积的23.4%；应用时间超过10年的品种有两个，占北疆植棉面积的2.32%。长绒棉主导品种中应用时间在5年以内的有5个，占长绒棉植棉面积的90%（图13-3）。

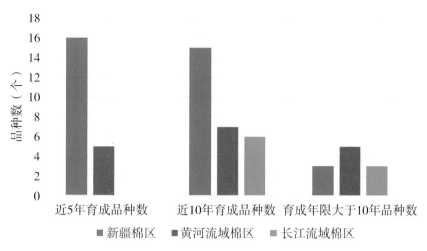

图13-3 我国三大棉区主推棉花品种更新换代情况

黄河流域棉区2017年推广面积超过10万亩的17个棉花品种应用年份在3～12年。近5年育成品种占据应用市场主导地位的有5个棉花品种，其中冀丰1982、农大棉10号和冀棉229三个近5年育成品种位居主导品种前10位。

长江流域2017年推广面积超过10万亩的9个棉花品种应用年份为7～13年，近5年育成品种没有占据应用市场主导地位。其中鄂杂棉10号、中棉所63、创075、中棉所63、铜杂411和华杂棉H318等5个20万亩以上种植面积品种均有6年以上应用时间。

整体来看，相比于黄河流域和长江流域棉区，新疆棉花品种的更新相对较快，目前黄河流域和长江流域棉区主导品种均由育成5年以上甚至10年以上品种为主。黄河流域和长江流域棉区棉花品种更新速度下降主要是因为近年来黄河流域和长江流域棉区生产成本增加，棉花收购价格偏低，植棉效益下降，种植面积下滑，企业种子库存量较大，导致更新换代的迫切性和积极性不足。

（四）商业化育种成效

对新疆推广面积5万亩以上的46个主导品种中科研院所育成、企业育成和企业与科研单位联合育成品种情况及面积占比分析发现：科研院所育成、企业育成和企业与科研单位联合育成品种分别为13个、11个和7个。推广面积占比分别为29.01%、20.8%及15.4%。这表明新疆科研院所与企业在棉花品种选育上均具有较强的竞争力，并且相互之间存在广泛合作（图13-4）。

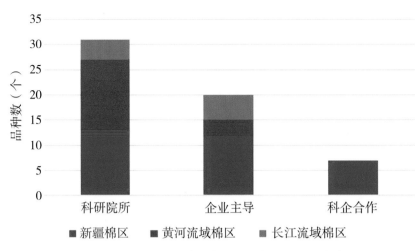

图13-4　全国三大棉区棉花品种商业化育种成效

黄河流域棉区2017年推广面积超过10万亩的17个棉花品种有3个品种为商业化选育的品种，其他14个品种均为国有科研院所及大专院校培育。长江流域棉区2017年推广面积超过10万亩的9个棉花品种中有5个品种为企业或私人研究所培育，4个品种为国有科研院所及大专院校培育。这表明在长江流域棉区和黄河流域棉区商业化育种倾向于杂交品种选育。但近年来由于棉花生产经济效益低，播种面积断崖式下跌，长江流域和黄河流域棉花商业化育种中除国欣农研会外，其他商业化育种积极性不高，生产上新审定突出品种较少，推广应用乏力。

（五）品种供给侧改革成效

棉花品种供给侧结构性改革是全面提升我国棉花产业供给体系质量和效率的重要方面。近几年全国各植棉区域尤其新疆维吾尔自治区在推进品种供给侧改革中做出了很多尝试。新疆棉花品种供给侧改革成效有三个方面：

（1）品种为供给侧改革需求提供了技术支撑，以需求为导向，为供给侧改革提供了适纺40支纱以上的优质品种，同时也为供给侧改革培育出满足纺织需求的"纤维长度长、强度高、细度适中、长度整齐度高"的优质品种。

针对新疆机采棉面积逐年增加的趋势，针对供给侧改革需求，优质适宜机采的棉花品种选育不断加强。近年来取得了很好的进展，有些品种已进入到示范，为机采棉发展提供技术支撑。

（2）随着供给侧改革的实施，生产上也选用了优质的品种。随着农业生产经营合作社、生产大户、家庭农场、土地集中流转等农业新型生产主体的增多，减少了品种的数量，符合供给侧改革的优质品种选用力度也在加强。

（3）伴随着良种良法配套的加强，随着供给侧改革的实施，新疆棉花原棉生产品质逐年提升，2017年新疆棉花根据公检数据来看，棉纤维长度为29.0mm，纤维比强度为27.9 cN/tex，马克隆值为4.6，整齐度为83。棉纤维品质总体有了很大的提升，但纤维比强度还有待提升，纤维较粗。品种在供给侧改革中发挥了很好的作用，取得了很好的成效。

（六）商业化育种成效助推供给侧改革范例

由石河子农业科学研究院下属单位石河子棉花研究所与石河子市庄稼汉农业科技有限公司合作在早熟机采棉新品种选育及棉花商业化推广中作出较为突出的成绩：由石河子棉花研究所按照种业市场发展的需求为研究目标提前部署开展早熟、优质、适宜机械采收的机采棉新品种选育，于2013年培育出新陆早61号、62号及2016年培育的新陆早74号全部授权由石河子市庄稼汉农业科技有限公司进行品种推广，其中新陆早62号在北疆早熟棉区示范推广面积累计达160万亩，新陆早61号累计推广面积650万亩，新陆早74号2017年开始示范推广面积就在20万亩，目前新陆早61号及74号还是石河子垦区主推品种。在供给侧改革上（早熟、优质、适宜机械采收）作出了较为突出的成绩。

中国彩棉集团作为彩棉产业的发起者、推动者和领军者，建立了以"天彩"品牌为牵引的彩棉产业链，上下联动了千余家合作联盟企业，形成了上百亿元的市场规模，形成了高速增长的彩棉经济圈。在彩色棉原棉生产中全部采用订单模式进行彩色原棉的生产，生产规模最大时年订单面积在20万亩，常年订单面积为4万～10万亩。

第十四章
当前我国各棉区推广的主要品种类型及表现

一、新疆棉区

从1978—2017年，近四十年来，新疆棉区累计自育审（认）定各类棉花品种有270个（图14-1）。其中，新陆早系列：新陆早1到84号（1978—2017年）；新陆中系列：军棉1号到新陆中88号（1979—2017年）；新海系列：军海1号到新海63号（1978—2017年）；新彩棉系列：新彩棉1号到28号（2000—2017年）。

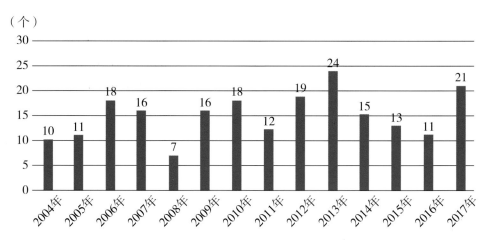

图14-1　2004—2017年新疆棉花品种审定情况

（一）2017年推广面积在50万亩以上的品种简介

新疆推广面积在50万亩以上的品种有13个，应用面积在100万亩以上的品种有5个，分别为中棉49号、新陆中46号、新陆中37号、新陆中54号和新陆早61号等。应用面积大于100万亩的品种特征特性如下。

（1）中棉49号

审定编号：新农审字（2004）第008号。类型：早中熟陆地棉新品种，选育单位：中国棉花研究所。品种来源：中9409与中51504杂交后代选育。产量品质：2002—2003两年西北内陆棉区区域试验结果，亩产籽棉323.6kg，皮棉134.9kg，霜前皮棉121.8kg，分别比对照增产5.4%，9.8%、17.1%。抗性：花铃期鉴定结果为对枯萎病免疫、高抗黄萎病。收获期剖秆鉴定结果为高抗枯萎、耐黄萎病。品质：纤维长度30.5mm，整齐度84.1%，比强度29.0cN/tex，马克隆值4.3。特征特性：株形较清秀，田间通风透光好，叶片中等大小，上举，叶裂深，茎柔软有韧性，茎秆上茸毛少，铃卵圆形；Ⅱ式果枝，第一果枝节位5.6台，单铃重6.18g，衣分41.8%，籽指11.2g，不孕籽率6.8%，单株结铃性强，丰产性突出。吐絮畅而集中，易收摘，霜前花率93.7%。推广面积：累计推广8 000万亩以上。

（2）新陆中46号

审定编号：新审棉2010年44号。类型：中早熟陆地棉，选育单位：河南科林种业、巴州禾春洲种业。品种来源：由新疆承天种业有限责任公司从中国农业科学院植物保护研究所引进。区试产量：2005—2009年，在本公司良繁场品种比较试验，亩产棉籽均在630kg以上；2008年，农一师试验站示范种植，亩产籽棉650kg；抗性：抗枯耐黄。品质：纤维上半部长度30.15mm，比强度29.73cN/tex，马克隆值4.3，整齐度指数85.0%，纺纱均匀性指数153.25%。特征特性：该品种生育期为130天，植株筒形，株型紧凑，Ⅱ类果枝，生育期长势快，铃大，长卵圆形、铃嘴较歪，油腺多，苞叶小，吐絮畅，含絮力好，易采摘，丰产性好。株高70cm，果枝始节位5.8节，单株结铃数7～8个，单铃重6.08g，衣分44.3%，籽指10.5g，霜前花率94.2%。

（3）新陆中37号

2008年新疆审定。类型：中早熟陆地棉。选育单位：新疆塔河种业股份有限公司。品种来源：抗枯萎病品系B23与渝棉1号杂交系选。区试产量：2007年生产试验中籽棉产量361.0kg/亩、皮棉产量151.7kg/亩、霜前皮棉产量139.6kg/亩。抗性：抗枯耐黄。品质：纤维上半部长度30.9mm，比强度34.5cN/tex，整齐度85.9%，马克隆值4.2。特征特性：生育期139天；株型塔型。株高60～70cm，主茎粗壮，抗倒伏。Ⅱ类果枝，株型较松散，果枝数9～10台。子叶肾形，叶色深绿，真叶为普通叶，叶裂4～5片，裂口深，叶片中等大小。铃短卵圆型，铃室多为4室，棉瓣肥大洁白，单铃重5.2g。

（4）新陆中54号

2012年新疆审定。类型：南疆早中熟棉区种植，选育单位：新疆农业科学院经济作物研究所。品种来源：新疆农业科学院经济作物研究所杂交选育而成。区试产量：两年平均籽棉产量较对照中49增产10.33%；皮棉较对照增产11.09%；霜前皮棉平均亩产较对照增产9.77%。生产试验中，籽棉亩产为对照中49增产5.91%；皮棉较对照增产3.84%。霜前皮棉产量较对照增产1.14%。抗性：高抗枯萎病，耐黄萎病。品质：纤维长度29.44mm，整齐度85.04，马克隆值4.42，比强度30.84cN/tex。特征特性：生育期140天左右。植株筒型，生长势特强，株型较松散，Ⅱ型果枝。茎秆上有微毛，铃卵圆形，结铃性强。始果节位5.85台，果枝数8~10个，单株结铃7~10个，单铃重5.85g，子指10.6g，霜前花率92.14%，衣分43.63%。

（5）新陆早61号

审定编号：新审棉2013年39号。类型：北疆早熟棉区种植，选育单位：新疆石河子棉花研究所、石河子市庄稼汉农业科技有限公司。品种来源：亲本为（早熟棉×HB8）经南繁北育，病圃定向选育而成。区试产量：2012年生产试验子棉、皮棉和霜前皮棉亩产分别为384.3kg、169.2kg和169.2kg，分别比对照新陆早36号增产8.6%、12.9%和12.9%。抗性：抗枯耐黄。品质：纤维上半部平均长度30.3mm，比强度29.6cN/tex，马克隆值4.5，整齐度指数86.5%。特征特性：生育期121天左右，霜前花率96.4%以上。株型紧凑、植株塔型，茎、叶中量绒毛。Ⅱ式果枝，第一果枝节位5~6节，果枝台数8~10台。叶片中等大小，深绿色、缘皱，背面有细茸毛。叶柄较长，微上举。铃卵圆形有钝咀，中等偏大。多为5室，单铃重5.9g。籽指10.93g。

（二）新疆自育品种及育种水平分析

随着黄河流域、长江流域棉区的种植面积逐年减少，内地的企业开始进驻新疆这个全国最大的棉花生产基地。这些内地企业进入新疆带来更多的育种资源、育种技术、育种人才。据统计，目前新疆每年通过各种形式参加自治区试验的外来企业、科研单位参试品种占到了全部参试品种个数的10%~15%。市场上推广的品种或品系占到新疆全疆市场份额的20%左右，说明新疆自育品种的能力很强，主要使用的是本地选育的品种。

（三）不同年代棉花品种审定比例

根据品种审定政策的调整，棉花品种审定情况分成三个时间段描述。第一阶段（1978—2008年），新疆共审定棉花品种新陆早品种为39个，新陆中品种为37个，海岛棉品种31个，彩色棉品种14个，共计121个，平均每年4个品种。第二阶段（2009—2013年），新疆共审定棉花品种82个，其中新陆早品种为24个，新陆中品种为32个，海岛棉品种13个，彩色棉品种13个，平均每年16个品种。第三阶段（2014—2017年），共审定棉花品种60个，新陆早品种为21个，新陆中品种为19个，海岛棉品种19个，彩色棉品种1个，平均每年15个品种。2017

年新审定各类型新品种21个，其中新陆早品种8个、新陆中品种7个、海岛棉品种5个、彩色棉品种1个。新疆育种水平已达到较高水平，品种的供给能力很强，生产对新品种的需求尚处在高峰期。

（四）南、北疆的面积、品种与分布

南疆棉花面积2 000万～2 400万亩，种植品种为新陆中系列品种。优质陆地棉种植区域在喀什地区的英吉沙县、岳普湖县、疏附县、泽普县、叶城县、伽师县、疏勒县、麦盖提县、巴楚县、莎车县、喀什市，第3师、阿克苏地区的阿克苏市、新和县、温宿县、沙雅县、库车县、阿瓦提县、柯坪县，第1师、巴州的轮台县、库尔勒市、尉犁县、和硕县、且末县、第2师，和田地区的洛甫县、墨玉县、和田县、于田县，克州的阿克陶县等县（市）。长绒棉区主要种植新海系列品种，分布在阿瓦提县、沙雅县、库尔勒市、巴楚县、麦盖提县、第1、2师。

北疆、东疆植棉面积1 000万～1 200万亩，棉花品种主要以新陆早系列品种为主。优质陆地棉区有昌吉市、玛纳斯县、第6师、第8师、呼图壁县，塔城地区的乌苏市、第7师、沙湾县、和丰县，博州的精河县、博乐市、第5师，吐鲁番地区的托克逊县，哈密地区的哈密市、第13师。

二、黄河流域棉区

黄河流域棉区主推棉花品种以常规抗虫转基因棉花品种为主，占80%左右，杂交抗虫转基因棉花品种占20%左右。常规品种中鲁棉研28号、农大601、冀863、鲁棉研37号、国欣棉3号、农大棉8号、冀丰1982等9个品种种植面积均在20万亩以上，并位列黄河流域棉区推广应用面积最大的前九位。农大棉10号和衡优12两个杂交种成为黄河流域棉区杂交棉推广的主力，应用面积分别达到22.9万亩和10.2万亩。所有应用面积在10万亩以上的品种共有17个，种植面积为408.7万亩，占该流域棉花种植总面积的39%。年推广面积50万亩棉花品种仅有鲁棉研28号，该品种的特征特性如下。

鲁棉研28号，审定编号：国审棉2006012、鲁农审2007017号。选育单位：山东棉花研究中心、中国农业科学院生物技术研究所。品种来源：常规品种。为（鲁棉14号/石远321）F_1与5186、豫棉19、中12、中19、秦远142、鲁8784等混合花粉杂交后系统选育。特征特性：属中早熟品种，中后期长势较好，叶片中等大小。生育期133天，株高103cm，株型塔形，第一果枝节位6.6个，果枝数14.1个，单株结铃16.5个，铃重6.1g，铃圆形，表面较光滑。霜前衣分41.0%，籽指9.8g，霜前花率93.4%，僵瓣花率3.6%。2004年、2005年两年经农业部棉花品质监督检验测试中心测试（HVICC）：纤维长度29.7mm，比强度28.5cN/tex，马克隆

值4.5，整齐度85.1%，纺纱均匀性指数142.8。山东棉花研究中心抗病性鉴定：抗枯萎病，耐黄萎病，高抗棉铃虫。产量表现：在2006年生产试验中籽棉、霜前籽棉、皮棉、霜前皮棉亩产分别为285.6kg、263.5kg、118.0kg和108.9kg，分别比对照DP99B增产6.2%、6.5%、16.6%和17.4%。长期是黄河流域山东省主导品种，2016年应用品种仍达到120多万亩，为高产稳产品种类型。

该流域种植模式主要以两熟制麦后棉为主。种植面积大于10万亩的主导品种中10年前审定品种有鲁棉研28号、国欣棉3号、农大棉8号、冀棉958、晋棉38等五个品种。审定时间在5~10年的有农大601、冀863、鲁棉研37号、国欣棉9号、鲁棉研36号、石抗126、苗宝21、德棉998等八个品种。近5年审定的品种有冀丰1982、农大棉10号、冀棉229、衡优12和冀丰914等5个品种。生产上对品种的要求仍以高产为第一考虑因素。近年来在高产基础上也培育了优质和适宜机采的棉花品种，以适应产业需求和生产需求。黄河流域棉区为我国传统优势棉区，黄萎病发生较为普遍。目前在棉花品种选育上抗黄萎病品种较少，具有一定的生产风险。

三、长江流域棉区

2017年长江流域棉区主推棉花品种以杂交抗虫转基因棉花品种为主，占95%以上，常规转基因棉花品种占5%左右。主导品种中鄂杂棉10号、中棉所63、创075、中棉所63、铜杂411和华杂棉H318等6个品种种植面积均在20万亩以上，鄂杂棉11、鄂杂棉26和中棉所66的应用面积为10万~20万亩。应用面积10万亩以上主导品种的种植面积为213万亩，仅为该流域总植棉面积的25.7%，杂交棉在生产上使用的品种多，每个品种种植面积小，农民自留杂交种即种植二代甚至三代杂交种的情况突出。显示出棉农在植棉效益低下的情况下选择使用新品种杂交一代种子的动力不足。年推广面积在30万亩以上主要品种的特征特性如下：

（1）鄂杂棉10号F_1，审定编号：鄂审棉2005003。选育单位：湖北惠民种业有限公司。品种来源：（太96167×太D-3）F_1。特征特性：Bt转基因抗虫棉品种。植株中等高，株型塔型，较紧凑。茎秆较坚硬，有稀茸毛。叶片掌状，中等大，叶色较深。果枝着生节位、节间适中。铃卵圆形，中等偏大，吐絮较畅。后期肥水不足易早衰。区域试验中株高112.1cm，果枝数17.3个，单株成铃数25.8个，单铃重5.8g，大样衣分40.39%，衣指7.9g，籽指11.1g。生育期131天。霜前花率85.49%。耐枯萎病，耐黄萎病。品质产量：2001—2002年参加湖北省棉花品种区域试验，纤维品质经农业部棉花品质监督检验测试中心测定，2.5%跨长30.4mm，比强度30.0cN/tex，马克隆值4.8。两年区域试验平均亩产皮棉106.82kg，比对照鄂杂棉1号增产7.56%。其中：2001年皮棉亩产109.57kg，比鄂杂棉1号增产4.14%；2002年皮棉亩产104.07kg，比鄂杂棉1号增产11.42%，两年均增产极显著。栽培技术要点：①营养钵育苗，4月上旬播种；②中等肥力地块亩密度1 800～2 000株。其他常规栽培措施。适宜地区：江苏、安徽淮河以南以及浙江、江西、湖北、湖南、四川、河南南部等长江流域棉区作春棉品种种植。长期为长江流域棉区主导品种，主要表现为高产稳产优质，但抗病性一般。

（2）鄂杂棉29F$_1$，审定编号：鄂审棉2007006，国审棉2011006。选育单位：荆州霞光农业科学试验站。品种来源：（M-40×25T）F$_1$。特征特性：属转Bt基因棉花品种。植株中等高，塔型较松散，生长势较强。茎秆中等粗细，易弯腰，有稀茸毛。叶片较大，植株下部较荫蔽。果枝较长，结铃性较强，内围铃较多，铃卵圆形。对肥水较敏感，管理不当易贪青或早衰。区域试验中株高122cm，果枝数19.3个，单株成铃数29.4个，单铃重5.6g，大样衣分41.12%，籽指9.7g。生育期118.6天。霜前花率88.96%。抗病性鉴定为耐枯、黄萎病。品质产量：2005—2006年参加湖北省棉花品种区域试验，纤维品质经农业部棉花品质监督检验测试中心测定，2.5%跨长29.3mm，比强29.5CN/tex，马克隆值5.0。两年区域试验平均亩产皮棉117.06kg，比对照鄂杂棉1号增产8.43%。其中：2005年皮棉亩产110.12kg，比鄂杂棉1号增产6.39%；2006年皮棉亩产124.00kg，比鄂杂棉1号增产10.32%，两年均增产极显著。栽培技术要点：①营养钵育苗，4月上旬播种；②中等肥力地块亩密度1 300～1 800株。其他常规栽培措施。适宜地区：在江苏省和安徽省淮河以南棉区，江西省鄱阳湖棉区，湖北省江汉平原及鄂东南岗地棉区，湖南省洞庭湖棉区，四川省丘陵棉区，南襄盆地棉区，浙江省沿海棉区春播种植。长期为主导品种，为高产型棉花品种，长期为长江流域主导棉花品种。

该流域种植模式主要以两熟制麦（油）后移栽为主。种植面积大于10万亩的主导品种中10年前审定品种有鄂杂棉10号、中棉所63、鄂杂棉11、中棉所66等4个品种。审定时间在5～10年的品种有鄂杂棉29、创075、铜杂411、华杂棉H318和鄂杂棉26等5个品种。主导品种中未有近5年审定的品种。生产上对品种的要求仍以高产为第一考虑因素。近年来由于生产模式的转变，适合机采的早熟常规棉品种成为审定的品种类型之一。这符合产业需求和生产需求，是未来品种培育的重点方向。长江流域棉区棉花品种的抗病性较差，特别是抗黄萎病水平较低，具有一定的生产风险。

第十五章
未来棉花生产发展趋势展望和棉花品种发展建议

一、发展趋势分析

（一）新疆棉花产业发展方向

基于新疆棉花产业现状、问题和国内外棉花产业发展形势变化，新疆棉花产业应以目标价格改革试点为契机，进行产业结构调整，转型升级，开启产业发展新时代。在产业发展定位上，巩固发挥新疆棉花产业在全国的优势地位。棉花总量占据全国一半左右，产业经济贡献稳定增长。

1. 走适度规模发展之路

新疆棉花适度规模的确定，应根据市场需要、自身的资源禀赋、生态环境、社会发展和植棉地位等确定。适度规模的核心是处理好数量与环境，数量与市场、数量与质量效益的关系，难点是防止下滑萎缩或反弹。关于适度规模的具体数量多少为宜，有不同分析。据中国工程院2013年的初步研究结果，满足全国居民纺织品需求的国产棉2020年需700万t，2030年需750万t。据国家统计局数据，2012年和2013年纤维质量"包包"检验数量达到441.6万t和468.6万t，全疆产量则占全国统计总量的64.6%和74.3%。据新疆统计年报2014年棉花实际种植面积在3 630万亩，总产451万t。如此大的棉花生产规模与水资源承载力脆弱间的矛盾将不可能持续。因此，未来新疆棉花面积和总量要进行控制，保持长江、黄河和西北内陆面积"三足鼎立"的合理布局，新疆与内地产量各占一半的态势，对保障人口大国原棉稳定供给与规避市场和气候风险具有重要的战略意义。

2. 走质量发展之路

从国内外棉花市场需求看，高质量棉花需求已成为主流，美、澳棉花质量深受企业欢迎，与需求相比，新疆棉花质量在多方面存在明显差距，必须适应发展需要，走质量发展之路。

从生态条件和植棉优势看，新疆具备提升棉花质量的优势条件。据杨伟华等人对全国棉花多次抽检结果表明：断裂比强度（28.55 cN/tex以上）在很强和强档的棉花主要产自新疆，长度30～32mm的棉花主要来自新疆，马克隆值A级的棉花主要出自新疆，长度整齐度指数在很高和高档的棉花绝大部分也产自新疆，品级1～2级的棉花几乎全部在新疆。李雪源等对新疆棉花品质区划研究表明，新疆棉花生产品质呈现多样性分布，有发展多纤维类型棉花的生态优势。

从质量目标看，一是加强中绒棉、长绒棉、中长绒棉、彩色棉和超级长绒棉多纤维类型育种，为生产提供可供选择的高品质棉花品种，改变品质结构单一、同质化高和以低端产品为主的状况。二是发展布局好多纤维类型棉花生产。三是通过现代育种对纤维细度进行遗传改良，将品种马克隆值调整到A级范围内，以A级为主，改变目前品种以B级为主的状况。四是选育审定的品种应注意长、强、细的合理匹配。五是加强双30（绒长>30mm、比强度>30 cN/tex）机采棉品种的选育。

从纺织要求看，随着纺织企业的转型升级，对原棉质量的要求越来越高，但国内能够满足需求的棉花数量越来越少。从相关配套措施看，加强从遗传品质、生产品质、采收品质和加工品质各环节的质量控制。特别是机采棉，做到农机和农艺配套。从品质布局、市场规划引导、企业+农户+合作社的订单模式社会化组织模式扶持建立等，形成合理的市场。

3. 走效益发展之路

比较效益高是新疆植棉最大的优势，也是棉花快速发展的根本原因。新形势下，新疆棉花比较效益明显下滑，必须进一步挖掘效益潜力，提高植棉效益。对新疆棉花成本构成分析表明，在效益提高上，一是具备均衡增产增效空间。通过技术创新、集成和推广，新疆棉花具备均衡增产籽棉50kg/亩的空间。二是具备节本增效空间。与手采相比，发展机采棉可大幅降低劳动力成本200～300元/亩，通过集成膜下滴灌、肥水一体化和测土配方平衡施肥技术，通过发展社会化服务和高效种植技术创新等，可实现节水、节肥、节药和机力成本200～300元/亩。三是具备优质和优价增效空间。每吨澳棉价格比新疆棉花高3 000～5 000元足以说明新疆棉花有增效空间。

4. 发展适度规模下的质量效益型棉业

从新疆棉花产业现状和国内外棉花产业发展格局趋势演变对新疆棉花产业发展影响看，

新疆棉花产业应走适度规模下的质量效益型棉业。原有扩张质低效滑的棉业，带来的是风险加大、竞争力弱和环境恶化，是不可持续的棉业。适度规模下的质量效益型棉花产业，遵循在适度规模的同时，以质量效益为理念，这一棉业应该既保障我国棉花产业安全，也与环境相适应，同时参与国内、外市场竞争，是可持续的棉业。适度规模，质量效益的提高，并有助于棉价的起稳回升，使得新疆棉花产业地位更加突出，棉业具有更好的发展前景。随着新疆棉花产业转型升级的稳定实现，必将激发产业经济潜能的发挥。

（二）黄河流域棉花品种发展趋势分析

近年来，由于植棉效益下降，黄河流域棉花种植面积连年下降，许多企业将棉花研发重点逐步向新疆转移，品种研发投入有所下降，新品种推广优势不大，杂交棉在生产应用上遇到了很多困难，有的企业直接利用杂交二代充当杂交棉，杂交棉单产一直徘徊不前。常规棉的管理相对简单，比杂交种更易稳产；种子成本很低，并可以实现机播，省工省力，棉农更容易接受。因此，黄河流域棉区未来发展常规棉，更符合棉花生产轻简化、机械化的趋势。

据全国农业技术推广中心金石桥等以2007—2012年黄河流域国家区试参试常规棉品种（A组）的试验结果，参试品种的子棉及皮棉平均产量均呈上升趋势；但抗非生物逆境的能力不强，稳产能力仍然欠缺。从纤维品质上来看，马克隆值呈上升趋势，对纤维品质不利；纤维长度和比强度变化不大。

近几年，在机采棉发展上进行了尝试和研究，但总体进展不容乐观，到目前为止机收面积还不到1%；大部分品种生育期偏长，吐絮不集中，烂铃烂桃严重，机采后品质下降；同时，适宜机采的栽培技术还有待进一步研究，目前的技术在实际应用中还不成熟，往往造成产量明显下降。再加上内地棉花种植面积相对分散，地块较小，大型采棉机无法施展，小型采棉机技术不成熟，影响机采棉的推广。因此，机采棉的发展是趋势，但短时间内很难得到大的改观。

（三）长江流域棉花品种发展趋势分析

多年来在品种选育和审定过程中存在重产量、轻质量的现象，或者受到高产低质对照品种的选择压力影响，审定的品种多数在产量上表现突出，而纤维品质的提升进度却十分缓慢。然而，随着纺织工业转型升级，低端产品产能缩小，中高端产品产能增加，对棉花的纤维品质提出了更高要求，提质增效、扩大消费成为行业未来发展的新格局。为此，棉花品种的发展方向应当是在保证足够的丰产性的前提下，更加注重纤维品质的提升，努力审定产量达标的高品质棉新品种，以满足棉花生产发展的切实需求。

同时，随着国家粮食安全形势的发展和农业产业结构的调整，我国未来棉花产业将施行

"东移、西进、北上"的重大战略转移，随着我国农业由粗放生产向集约生产转变、劳动密集型向机械化生产转变，棉花育种紧紧围绕轻简化、机械化，培育高产、优质、早熟、抗逆等新品种成为新的生产急需。品种审定工作要充分发挥"指挥棒"的作用，引领科研单位和种子企业调整育种思路，优化育种目标，加快选育适应现代农业发展方式的新品种。棉花品种审定工作的主要任务是审定一批突破性优良品种，加快审定一批生产急需的优良品种，推出一批适应轻简化、机械化品种。这既为品种审定工作提供了广阔的发展空间，也提出了更高要求。

二、风险分析

（一）新疆棉花生产面临的风险分析

新疆棉花生产在快速发展的同时，也产生了不少问题，并对未来新疆棉花产业稳定健康发展提出了挑战。

1. 棉花生产环境压力增大

350万t的棉花生产能力对于新疆来说压力是较大的。从布局看，我国棉花"三足鼎立"的生产布局，对于稳定我国棉花生产、降低风险具有重要意义。黄河、长江流域棉区棉花面积的下滑，在布局上加大了新疆棉花生产压力。从自身看，350万t的棉花生产能力必须有水资源保障、单产保障、效益保障及其他环境条件的保障。而新疆棉花生产一直以来依赖的生态和生产环境都十分脆弱。特别是水资源不足的压力、技术创新不足的压力、单产潜力发挥难的压力、品质优势不足的压力、生态环境恶化的压力、植棉效益下滑的压力等多种不利因素。

（1）水是新疆棉花生产最大的限制因子

在严格实行水资源管理制度下，棉花生产能力面临水资源环境紧张的压力。一是水资源严重不足。二是棉花水资源消耗量大。棉花占新疆灌溉面积的三分之一（33.8%～37.5%）。三是工业等非农业用水量明显增加。四是节水潜力空间不平衡。五是灌溉面积逐渐增加。由此可见，新疆棉花生产发展与水资源环境已面临严峻考验。

（2）新疆棉花生产面临的土壤环境压力

目前新疆棉田的土壤环境与20世纪80—90年代土壤环境有较大差别。一是棉田土质下降。80—90年代新疆棉花生产刚处于快速发展期，棉田比例小、棉田连作时间短。而目前虽然通过优质棉基地建设等重大项目，开展了中低产田改良，但新疆棉田比例大，轮作倒茬难，棉花连作时间长，少的4～5年，多的8年以上，加之培肥力度小，化肥使用量大，导致土壤的理化性质变差、土壤板结严重、有机质含量严重不足、枯黄萎病加重。据第三次土壤普查，新疆大部分棉田土壤有机质含量较低，北疆为1.29%～1.35%，南疆仅为0.85%～0.89%，属中低水平；土壤速效钾、速效磷的含量也较第二次土壤普查有不同程度下降。二是棉田土壤盐渍化加重。据2004年统计资料显示，新疆地方系统盐碱耕地面积75.58万hm²。2009年盐碱化面积占总灌溉面积的19.2%，南疆占22.6%。棉田盐渍化面积、比例更大。随着耕地面积扩大，在水资源紧张的情况下，棉田洗盐水减少甚至难以落实，一些棉田土壤盐渍化加重，保苗难度加大。三是棉田残膜污染严重。新疆地膜覆盖种植面积达4 700万亩（不含兵团），是我国地膜覆盖面积最大、地膜用量最多的省区。每年新疆地膜使用量达15.94万t，但回收率不足10%。新疆棉田推广地膜植棉已近25年，由于没有有效的回收政策、措施保障，回收意识弱，加上大部分采取手工回收，回收率极低，导致土壤地膜残留量高，地膜污染引起的潜在问题越来越严重。这些土壤环境的不利变化，加重了进一步提高单产的难度。

（3）新疆棉花生产面临枯、黄萎病严重危害的压力

20世纪80—90年代，新疆棉田枯萎病和黄萎病发生相对较轻。目前，枯萎病的发生面积占种植面积的20%～30%，黄萎病在新疆棉区的70%～80%棉田中已有出现，尤其是黄萎病，呈现出了高速扩展的态势，为害逐年加重，在生长中后期落叶成光秆的棉株比例越来越高。究其原因主要有三：其一，新疆的连作模式和以滴灌、秸秆还田为代表的栽培模式，加速了土壤中病原菌的积累；其二，新疆地区棉花品种抗病性差，主推品种中多数品种为感病品种；其三，病原菌的致病力有明显变异，强致病力及落叶型菌株的所占比例不断提高。

2. 新疆棉花种业发展面临的品种问题

目前棉花种业源头面临的品种问题突出表现在两个方面。

（1）纤维类型单一、同质性强、突破性品种少、主栽品种不突出

纤维类型单一、同质性强、突破性品种少的问题，无法满足棉花产业发展需求，也严重影响了种业参加激烈的市场竞争。近10年来，新疆新审的棉花新品种140多个，但是，在众多的品种中缺少对生产贡献大的、有突破的主栽品种。20世纪80—90年代，军棉1号、新陆早1号为新疆棉花生产发展做出巨大贡献；90年代以来，中棉所35、中棉所49及新疆自育的品种为解决生产问题，提供了品种支撑。由于突破性品种少等原因，主栽品种不突出，有的一个县种植10余个品种，品种间相互传粉造成混杂退化现象严重。

长期以来因不能体现优质优价而形成的纤维类型单一的品种品质结构，已远不能满足当前纺织市场对多纤维类型产品的需求。目前种业市场纤维类型以适纺30～40支中低支纱的品种为主，缺少适纺60支和120支以上中高支纱的品种。

（2）品种创新能力不足

我国在种业科技创新中普遍存在着重品种选育、轻技术创新的现象。基础研究、种质资源创制能力薄弱，商业化育种集成度低。目前我国棉花品种选育还是以常规的品种间杂交为主，育种周期长、效率低，与发达国家相比，在育种新材料、育种新方法和植物基因工程育种方面还存在较大的差距。

（3）育种目标不合理

纤维类型单一、品种缺乏合理布局、突破性品种少等，与当前我国的育种目标、棉花品种审定标准不合理等因素有关。低水平重复，不利于品种研究的深化，选育品种同质性强。

（二）黄河流域棉花生产面临的风险分析

1.技术支撑风险

随着棉花目标价格政策的不断完善和国家对新疆棉区支持力度的加大，西北内陆棉区植棉效益优势明显，长江流域、黄河流域棉区棉花面积仍将有可能下降。棉花种植格局的影响势必传导到棉种市场上。近年来，部分科研单位以及一些较有实力的棉种企业纷纷将育种研发的重点转向了新疆地区，势必造成内地原有的研发能力弱化，长期下去，研发动力不足，投入减少，优质种子和配套栽培技术等棉花生产中所需的技术支撑将受到极大影响，必将影响内地棉花产业的健康发展。

2.自然风险

棉花相对其他作物，属于抵抗自然风险较强的作物，但由于近年来，黄河流域出现异常天气的频率不断增加，棉花生长季节，前期异常干旱，后期雨水偏多，烂铃严重，产量不高；另外由于棉花生育期长，受病虫害和自然灾害影响的几率增加。

3.效益成本

近几年，棉麦比价一直偏离正常水平，加上小麦管理相对简单，造成棉花的比较优势不断减弱；蔬菜等园艺作物效益比较高，亩产值相当于棉花的3倍左右。另外棉花种植用工成本高，棉花生产机械化程度相对较低，劳动强度大、技术性强、田间管理环节多，费工费时。

（三）长江流域棉花生产面临的风险分析

1.自然灾害风险对棉花生产的影响

近年来随着全球气候变暖形势加剧，长江流域棉区的降水和热量的稳定性变差，自然灾害发生的频率高，如经常出现台风、暴雨、阴雨、旱涝、秋霜等自然灾害。这些因素对棉花的单产和品质均有较大不利影响。在目前的农业生产的保险制度不健全，棉农遭受自然灾害风险的损失得不到赔偿的情况下，即使种植棉花的效益略高于种粮，棉农也不愿意植棉，更愿意将棉田改为粮田或改种为其他经济作物，导致长江流域棉区的棉花种植面积迅速减少。

2. 棉田基础条件恶化和生产技术误导产生的植棉风险

长江流域棉区农田系统自20世纪90年代以来，管理放松，整修滞后，设施老化，应急抗排能力不强，棉田基础生产条件恶化，植棉风险增大。进入21世纪，长江流域棉区多年来主体品种不突出，良种良法难配套，产量潜力难挖掘，高产稳产性能差。

3. 棉花生产的比价不合理及市场风险挫伤棉农积极性

棉花生产用工多，成本高，而棉花收购价格与粮食作物相比，长期存在比价不合理的问题，也是导致棉花面积锐减的一个重要因素。同时，棉花价格变动较大是导致棉花种植面积不断减少的另一重要原因。

（四）品种使用风险

多种原因导致棉花品种在推广应用中面临风险。有技术原因（如区试设置的点数、面积和区试结果的代表性与实际还有很大差距），也有环境原因（前已分析），还有人为原因（区试结果的人为干预，品种应用的人为操作和无序竞争等）。在棉花生产中不同年份都有品种不适应事件发生，如2011年新陆中21号在喀什疏勒县当年种植因明显较其他品种晚熟，霜前花率不足60%，产量损失30%以上；2012年新陆早17号在北疆玛纳斯县种植因倒伏严重，严重影响棉花产量和采摘；2005年新陆中14号作为抗病品种，在一师16团引进种植表现不抗病，黄萎病发病率高，导致产量损失严重；2012年新陆中31号等品种作为杂交种推广应用，产量优势不足常规种，导致棉农上访；近几年，因追求高衣分，南、北疆一些品种种植后衣分与品种介绍的衣分明显不符，衣分低于品种介绍衣分的8%～10%，给棉农收益造成较大影响。这两年为迎合双30（纤维长度在30mm以上；比强度在30cN/tex以上）的品质要求，个别品种重视了品质，忽视了抗性，大面积种植后有导致产量下降的风险。近10年以来，转基因抗虫棉在新疆大面积种植：一方面因棉铃虫为害加剧，转基因抗虫棉因种植效益显著，推广面积迅速扩大，占比已达56%以上；另一方面因政策原因，导致转基因抗虫棉研发滞后，新疆作为我国最大棉花产区，存在转基因抗虫棉技术研发滞后的风险。

长江流域和黄河流域棉区近5年育成品种在生产上使用偏低，老品种使用面积较大，有混杂退化的风险；这两个棉区长期使用转基因抗虫Bt棉，但经营棉花种子的企业已不多，对抗虫性的提纯复壮重视不够，有丧失抗性的风险，也有导致非靶标害虫危害加重的风险；生产上农民自留种越来越普遍，而长江流域近15年使用的主要是杂交棉，农民长期留种，必然引起品种衰退，品质下降，生产力减退，抗性减弱，有造成重要经济损失的风险。

三、棉花品种选育及生产的建议

（一）加强棉花抗黄萎病品种选育

加强棉花抗黄萎病种质资源创新与抗病新品种选育工作。针对棉花黄萎病菌6种致病类型，坚持室内与室外抗病性鉴定相结合的方法，对现有的棉花种质资源进行抗病性鉴定，明确棉花品种与不同黄萎菌致病类型之间的相互关系，使品种抗性与黄萎菌致病类型相互对应。针对黄萎病菌的优势致病类型或强致病力类型，利用分子育种技术与传统育种技术相结合及病圃加压定向筛选方法，创新抗病、早熟、高产、优质种质资源和选育新品种。

（二）推广订单生产，满足品质多元化对棉花品种的需求

长期以来因不能体现优质优价而形成的纤维类型单一的品种品质结构，已远不能满足当前纺织市场对多纤维类型产品的需求，影响了产业链的延伸。各地区根据每个县市试点计划面积选择8～10个种棉企业或基础条件好的农民合作社，全部实行集中连片规模化种植。试点区域积极开展高效节水、高标准农田和采摘集中堆放场地等基础设施建设。引导帮助试点区建立"纺织企业+轧花企业+合作社+农户"全产业链利益联结机制，根据纺织企业生产原料需求层层签订棉花生产订单，试点区全部实施统一供种、统一植棉标准、订单种植。

（三）品种区域化、优质化布局

新疆"三山夹两盆"的地貌，并由若干戈壁、沙漠隔成许多生态条件各异的绿洲，形成多样化的气候特征。作为我国跨度最大、地形极特殊的棉产区，棉花品种布局必须做到细化，才能体现其科学性。不同地区棉花品质性状变异较大，具有生产多规格棉纤维的优势，因此根据各棉区条件安排棉花生产，形成按品质种植的区域化格局是提高新疆原棉品质和市场竞争力的一条简捷有效的途径。

（四）建立品种的退出机制

随着审定的品种越来越多，一些品种尤其是推广年限较长的老品种出现种性退化、丧失使用价值、暴露出明显缺陷等问题，已不能适应生产需要，存在生产安全隐患，急需启动品种退出机制。长期以来，审定品种只进不出，造成市场上品种越来越多，既不利于农民选择，也不利于加强市场监管。实行品种退出制度，做到审定品种有进有出、动态管理，是完善品种管理制度、促进品种科学管理的重要举措。

（五）新疆转基因抗虫棉品种审定问题

我国转基因抗虫棉的种植，从1997年开始引进美国品种大面积种植以来，种植面积呈快速增长趋势，种植面积从1997年的零星面积至现在占我国植棉面积的70%以上（主要是国内

转基因抗虫品种的应用）。由于产量水平的显著上升，实现了转基因抗虫棉抗性和丰产性的协同表达，使广大棉农充分认识到转基因抗虫棉种植的高产高效，因而种植面积迅速扩大。2017年我国黄河流域和长江流域棉区棉花品种均为转基因抗虫棉。

1998年以来，新疆作为我国暂不推广抗虫棉的棉区，转基因抗虫棉品种审定、推广一直受限。但一些未获批准的转基因抗虫棉品种已通过多种形式推广种植。据新疆农业科学院李雪源团队2013年对新疆转基因抗虫棉种植情况的调研结果显示，新疆转基因抗虫棉种植比例已过半，平均达52.5%。在南疆、北疆、东疆都有不同程度的抗虫棉种植。在转基因抗虫棉已成为新疆棉花生产的常态下，新疆棉花非转基因品种审定已成为制约利用优良品种促进棉花生产的重要因素。

（六）关于加强品种区试点标准化建设问题

区试是农作物新品种从选育到推广不可缺少的重要环节。对于明确新品种的生产利用价值和适宜种植区域，对品种合理布局、保障生产安全及促进生产发展具有重要意义。但区试点缺资金、缺标准化试验地、缺管理人员的现象严重，影响区试的可靠性。据2018年黄河流域区试结果，一些区试点的皮棉产量高于对照30%以上，甚至达60%，说明存在问题严重，对照品种偏低、管理不到位、试验地不均匀、认为干扰都可能是造成这种结果的因素。为了提高棉花品种区试质量，为品种审定提供科学依据，需进一步加强新品种试验、展示推广体系标准化建设，加快新品种更新换代速度，优化种植结构，全面提升棉花市场竞争力，促进农民增产增收。

第六部分　发展趋势与对策建议

第十六章
主要农作物品种推广应用的发展趋势与对策建议

一、主要农作物品种推广应用的发展趋势

近年来，随着农作物种业和农业供给侧结构性改革，主要农作物品种创新与推广应用获得长足发展。从品种和推广应用来看，绿色化优质化发展迅速，突破性的品种逐步呈现；从品种创新主体来看，以企业为主的商业化育种体系初步构建完成；从大面积生产来看，种植的规模化机械化程度不断提高，轻简技术应用面积不断扩大；从商业角度来看，主要农产品的品牌和名牌建设如火如荼，正在加速全力开展。

（一）优质品种与绿色品种发展迅速

随着居民生活水平日益提高，人们对农产品质量、营养、绿色、安全等方面的需求不断提高。如人们对食用稻米的外观和食味品质要求越来越高，2017年142个绿色主导品种推广面积9 000万亩，313个优质主导品种推广面积1.66亿亩，所占比例每年在迅速增加。优质麦产业化程度得到进一步提升，引导农户规模化种植优质专用品种，提高农户收益，优质品种的价格较普通小麦一般高15%～20%，优质粮的规模效益开始体现。以河南和山东省的小麦为例，优质强筋组和赤霉病组的单独设立，使优质强筋和抗赤霉病等绿色品种脱颖而出。鲜食玉米、青贮玉米、爆裂玉米品种选育和推广发展较快，甜玉米品种发展迅速，品质、产量和抗性齐升。我国大豆生产继续恢复性增长，高蛋白大豆、鲜食大豆发展势头较好。棉花细绒棉综合质量有所提升，马克隆值指标较上一年度再度提升，优质适宜机采的棉花品种选育也在加强，总体内在质量状况好于上一年度。

（二）突破性品种逐步呈现

随着新品种选育和新品种更新换代的加快，主要农作物的品种布局也更趋合理，主导品种更加突出，突破性品种逐步呈现。水稻中绥粳18、龙粳31、中嘉早17、黄华占、南粳9108、C两优华占分别推广993万亩、944万亩、858万亩、632万亩、529万亩、375万亩，累计推广约占全国总面积的10.3%；小麦中，济麦22、百农207、鲁原502、周麦27、山农20分别推广1 688万亩、1 590万亩、1 560万亩、978万亩、924万亩，累计推广约占全国总面积的20.6%；玉米中郑单958、先玉335、京科968、登海605、浚单20、伟科702、隆平206分别推广3 441万亩、2 526万亩、2 016万亩、1 427万亩、799万亩、756万亩、587万亩，累计种植面积11 552万亩，占全国总面积的21.7%；大豆中推广面积200万亩以上品种有黑河43、克山1号、中黄13、绥农36、合农75等5个，累计推广面积2 553万亩，占全国总面积的25.2%；棉花中中棉49、新陆早61号、新陆中46号、新陆中37号、新陆中54号分别推广270万亩、193万亩、146万亩、119万亩、102万亩，累计推广约占全国总面积的17.1%。

（三）商业化育种成效开始显现

近10年来以企业为主的商业化育种体系取得不断进步，商业化育种成果开始显现。2017年，推广面积在100万亩以上的水稻商业化育成品种有11个，种植面积达3 006.93万亩，占全国水稻总推广面积的7.18%，比重较2016年上升62.44%；商业化育成的玉米品种和推广应用面积分别占玉米总种植品种数和面积数的74.8%和65.9%。由企业育成的小麦新品种达到20%左右。新疆棉花品种商业化育成比例达到20%以上，科企合作较好，而黄河流域棉区此类品种较少，石河子农业科学研究院下属单位石河子棉花研究所与石河子市庄稼汉农业科技有限公司合作在早熟机采棉新品种选育及棉花商业化推广中作出较为突出的成绩。另一方面，近年随着商业化育种体系建设，绿色通道、联合体试验得到迅速发展，商业化育种形成的主要农作物品种将在未来几年进一步呈井喷态势。

（四）生产规模化机械化势头强劲

发展适度规模经营，健全农业生产社会化服务体系，扶持带动小农户发展，加快农业转型升级是现代农业发展的必由之路。近年来，主要农作物规模化、企业化种植趋势明显，2017年安徽省耕地流转面积2 921.90万亩，流转率近50%，家庭农场达7.7万个，农民合作社8.9万个，农业生产性服务组织超过3万个。新型农业经营主体的快速发展，保证了农民收益稳定性，降低了种植风险。稻麦机械化种收，机收籽粒玉米等的集约化经营和机械化操作的快速发展，减少了农资和人力成本，有效提高了生产效率。2017年全国棉花机采仍以新疆为主，新疆棉花机采率为39%左右。另外，随着城乡一体化，出现了劳动力转移和成本上升问题，近年农工紧张、用工成本高、务农人口老龄化等问题愈发突出。另外，农业规模经营下的新型经营主体对轻简化、机械化需求强烈，适宜轻简化机械化种植的农作物品种面积逐渐上升。

（五）农产品品牌化效益化形成共识

随着我国农业产业的发展，以品牌为引领，提升农作物品质，增加有效供给，提高效益化水平，衔接产业链下游，引导农作物产业向优质转型，加强农产品品牌建设，实现价值链升级，已经成为产业发展的共识。以稻米来看，我国稻米品质呈不断改善趋势，2017年全国优质稻米率达37.10%，比五年前提高近5%。以湖南"湘米"工程、广东"丝苗米"、吉林"吉米"、江苏"苏米"振兴工程为代表，一批我国地域特色的米业品牌正在努力整体区域性壮大发展。从棉花来看，中国彩棉集团作为彩棉产业的发起者、推动者和领军者，建立了以"天彩"品牌为牵引的彩棉产业链，上下联动了千余家合作联盟企业，形成了上百亿元的市场规模，形成了高速增长的彩棉经济圈。在彩色棉原棉生产中全部采用订单模式进行彩色原棉的生产，生产规模常年订单面积为4万～20万亩。

另外，从品种消费端来看，粮食产业化要求有适销对路的品种，品种选育审定应符合市场需求，水稻上应创制长短粒型、籼粳不同、黏糯差异、用途多样的育种材料。我国耕作制度呈多元化发展趋势，如在水稻上已发展有特定需求形成的麦茬稻、瓜后稻、补种稻、特色米订单稻，稻虾、稻鱼、稻蛙、稻鳖等混养专用稻，重金属低吸收稻、米粉加工专用稻、观赏彩色稻等多用途稻，这些特殊类型品种需求逐年攀升。

二、品种发展对策建议

围绕国家农业基础性战略地位总体要求，针对当前取得的进展和今后需求，建议面向市场需求，加强政府支持和制度完善，进一步加强产学研融合、育繁推一体，高质量高效益选育和推广现代农作物新品种，提高国际竞争力，实现绿色可持续发展，振兴现代种业，保障农业供给。

（一）强化体制创新，优化种业环境

进一步完善品种审定和登记标准，根据不同生态环境、耕作条件、市场需求，制定适应不同区域、不同需求的差异化品种审定标准，在保证总量供给的前提下，大力培育肥水高效利用、抗性品质双优的资源节约型、环境友好型品种，加快推出优质、绿色、特殊用途专用品种。

加快商业化育种体系建设，加快育繁推一体化种业企业培育。深化种业人才发展和科研成果权益改革试点工作，推动资源、人才依法有序向企业流动，完善企业主体、政府支持、

科研支撑、体制创新的商业化育种新机制，积极推动科技合作。坚持国家为常规作物投入主体，科研院校为研发主体，政府农技服务体系和公司为推广主体的方针政策，加大政府在政策、资金、资源等方面对种业的配套扶持力度。从政府层面组织联合攻关，建立科企合作交流平台，为企业获得科技新成果提供政策与资金支持，提升种业创新能力，促进体制机制创新，促进科企合作和政产学研用联盟建设。

（二）强化种质创新，加强优质特色新品种培育

深化改革、突破常规，加强优质、多抗、广适种质资源创制与新品种选育是发展优质绿色农作物产业的前提和关键。支持涉种科研院所、高等院校、种业企业协同攻关，开展农作物种质资源收集评价和创新利用，构建重要优异种质资源基因库和重要性状数据库，实现种质资源成果共享和新品种保护。开展对现有种质资源进行深入系统的评价和归类，发掘优质种源、抗性种源、特种用途资源等种质资源，进行基础机理研究和创新应用研究。

加快优特种质创制创新。加快培育一批适合市场需求的优质、多抗、绿色、广适的水稻新品种，尤其要重视加工、外观、食味品质的同步改良，重视优质新品种的综合抗性提高，加快水稻优质化、规模化、机械化、专用化的快速发展。培育更加符合市场需求的节肥、节水、适合早播、耐晚播等特性的优质多抗高产广适突破性小麦新品种。加快发展耐密玉米、鲜食玉米、爆裂玉米等新品种。加快恢复大豆生产，选育高产优质、高蛋白含量大豆新品种，保护非转基因大豆种质。加快选育优质、多抗棉花新品种，加强天然彩色棉花选育。

（三）强化技术集成，实现良种良田良法服务

加大玉米、稻、麦、棉、豆等优质绿色配套栽培技术攻关，重点提升轻简栽培种植技术体系和机械化技术的创新和完善，提升农作物品种品质和产量，解决品种配套高产及栽培技术研究滞后于品种审定和推广应用问题。集成高效、优质、生态的作物栽培技术体系，解决同一品种在不同地区、不同种植主体、不同栽培管理条件下导致的产量和品质差异，确保优质绿色品种产量与品质协调、稳定，助推知名品牌的打造。

大力扶持良种繁育基地建设，确保种子生产能力和供应能力稳定。以规模化、标准化、机械化、集约化为目标，完善良种繁育基地体系，建立稳定的高标准种子田。

健全新品种示范推广体系，提高基层农技人员待遇，打通技术走到生产的最后一公里。构建农民选用良种、企业营销良种、管理部门推介良种的公共平台，充分发挥良种对产业发展的关键作用。将新品种示范推广与测土配方施肥、机械化、病虫害综合防治等技术结合，实现良种良法配套、农机农艺有机结合。组织"看田选种"，促进"农企对接"，优化品种区域布局，引导种植大户示范种植优良品种和高效栽培技术，加快良种良法推广应用。通过

技术创新与集成、有效服务产业健康发展。

（四）强化种业管理，依法进行种业治理

加强植物新品种权保护，参照巴西、美国、欧洲一些国家模式，加大育种材料和成果等知识产权保护，积极探讨知识产权保护新方法、新途径，保护农作物种业市场稳定健康发展。逐步解决市场串换种子、侵犯知识产权等重大问题。

依法治种，完善制度，加快品种推广利用信息化建设步伐。促进种子协会的组织建设和业务服务能力的提升，进一步加强种子协会的企业现状调研和产业发展调研工作，为政府制定产业政策，企业制定战略发展规划，解决企业发展中的实际问题，并提供有效帮助和服务。建立品种安全跟踪评价体系，完善品种安全防控机制。建立商业化育种体制下的企业负责制。

（五）强化品牌建设，培育新型规模经营主体

大力支持种子企业、加工企业多途径、多渠道宣传优质绿色品种，充分发挥龙头企业的示范带动作用。对农民种植通过国家或省级审定的、品质达到优质标准的、产量和综合抗性较好且受到市场欢迎的优特品种，政府给予政策倾斜，调动农民种植优质农作物的积极性。强化品牌强农，加快高档优质农产品产业化开发，促进农业产业发展由数量增长向质量提升、生产主导向品牌引领转变，培育品质好、叫得响、占有率高的知名品牌。源头上构建粮安食安社会信用，促进产业健康发展。

大力培育新型经营主体，将种植大户、家庭农场作为新型农业经营主体的主力军。提升农民专业合作社的质量，确定一批运行良好、示范带动作用强、有发展潜力的合作社进行重点扶持，让合作社真正发挥作用。建立完善农民专业合作社，引导推广"企业+合作社"和订单农业模式，通过合作社牵头，组织千家万户建立生产基地，与企业签订产销合同，提高集约化生产效益。

附录：2018年国家审定品种清单

一、水稻品种（268个）

川种优369	隆晶优534	玖两优475	创优华占	金早239	陵两优171
五丰优317	晶两优1206	内6优103	内6优107	荃优527	荃优丝苗
神农优228	双优573	雅7优2117	旌康优1号	蓉7优2117	旺两优958
红两优216	聚两优676	科两优168	科两优9218	徽两优2018	安两优989
荃两优2118	望两优1133	扬两优228	源两优9567	C两优雅占	Y两优18
和两优16	两优531	科两优826	丰两优七号	隆两优1318	隆两优96
荃优0861	荃优737	旺两优950	亚两优598	扬两优309	荃早优丝苗
早优粤农丝苗	晶两优534	望两优华占	晶两优336	荃优金三	秀优71207
甬优7872	隆两优黄莉占	神9优28	天隆粳71	裕粳136	华粳9号
淮稻268	垦稻808	泗稻16号	徐稻10号	中科盐1号	润农粳1号
金粳818	津原985	天隆粳301	津粳优919	京粳3号	吉农大1041
沈稻529	天隆优649	吉洋100	沈稻505	中科发6号	吉大319
吉洋108	馨稻9号	吉大398	吉农大531	中科发5号	白粳2号
吉农大521	龙稻115	龙稻202	荃9优801	和两优1086	内6优595
蓉3优567	宜1优3185	泰优187	正优538	深两优31	大两优968
红优3348	荃优868	深两优8012	湘两优华占	N两优1133	荃优665
K两优369	徽两优473	星两优华占	H优523	E两优78	梦两优1177
荃优259	创两优669	K两优1269	荃优712	安两优586	欣两优2172
瑞两优9578	隆两优金10号	广两优815	创两优001	旌3优808	泸优911
C两优810	德两优华占	玖两优华占	秀优207	江两优7901	常农粳151
中禾优1号	中粳616	武科粳210	润稻118	鸿源6号	晶两优1237
晶两优1377	隆晶优8129	C两优727	B两优6号	B两优华占	晶两优1199
晶两优510	隆两优7810	晶两优1212	隆两优1234	乾两优8号	欣荣优33
隆晶优1706	隆两优丝占	九优2117	蓉7优2115	欣荣优0861	内6优139
内优506	蜀乡优695	雅优2116	裕优华占	广两优990	六福优977
云两优588	科两优8990	科两优5219	天优湘99	Y两优143	千优531
N两优091	正优531	川绿优105	荟丰优5438	科两优211	蓉7优523
双优451	蓉3优2117	内6优2118	秋乡优1302	隆两优2115	兴3优1141

川绿优149	简两优534	隆晶优4393	隆两优1177	川种优3877	川种优749
德1优205	农两优7231	双两优508	中广两优727	华浙优1号	晶两优3206
隆两优947	隆两优1401	隆两优1686	隆两优2533	荃优金24号	晶两优1988
晶两优黄莉占	隆两优2246	隆两优绿丝苗	隆两优1273	隆两优5号	荃优1273
扬两优612	川谷优600	聚两优5476	智两优5336	智两优5476	深两优857
荃优528	科优139	Y两优609	卓两优581	N两优8号	深两优600
深两优867	科两优12号	科两优17号	广两优1000	六福优996	黔丰优877
清两优185	清两优225	荃优631	扬籼优919	荃优554	荃优W8
创两优926	徽两优6192	丰两优406	奋两优686	徽两优9192	C两优919
深两优828	C两优丝苗	徽两优238	荃优粤农丝苗	九优27占	荃优9028
荃优1512	荃优523	银两优丝苗	荃早优406	欣荣优粤农丝苗	安优美占
19两优华占	鹏优1269	鹏优5774	桃优205	六福优1066	黔丰优900
天两优682	五丰优9989	科优8440	元优808	玖两优佳辐占	桃湘优华占
安丰优5466	安丰优6101	泰丰优218	五丰优5466	隆优4456	隆优534
隆优丝苗	玖两优10	五优19	扬籼优633	和两优627	广星优1380
兆优6319	N两优581	C两优66	望两优581	韵两优633	晶两优1686
晶两优4952	晶两优8612	隆两优3463	韵两优827		

二、小麦品种（77个）

川麦601	川农32	隆垦麦1号	安农1124	光明麦1311	国红3号
华麦1028	农麦126	皖西麦0638	扬麦28	扬辐麦8号	扬辐麦6号
新麦32	商麦167	鑫农518	轮选16	豫丰11	荃麦725
轮选66	郑育麦16	周麦32号	瑞华麦518	锦绣21	许科168
洛麦26	轮选13	郑麦618	赛德麦1号	皖垦麦1221	郑麦369
涡麦66	俊达109	新科麦169	中麦170	中育1211	潍1216
濮麦6311	高麦6号	光泰68	西农511	新麦36	周麦36号
淮麦40	先天麦12号	众麦7号	华成863	驻麦328	瑞华麦516
邯麦19	裕田麦119	俊达子麦603	石麦26	中信麦99	山农27号
莘麦818	泰科麦33	山农24号	洛旱22	中信麦28	山农25号
阳光578	中信麦78	石麦28	中麦36	长6990	太1305
京花12号	农大3486	航麦2566	中麦93	长6794	京麦179
北麦16	垦红24	龙辐麦23	克春14号	酒春7号	

三、玉米品种（516个）

吉农大17	C2191	GL1409	YN109	YN2	A6565
利禾10	利合528	三北102	双悦8号	先玉1508	鑫科玉3号
元华9号	C3061	Q2935	北斗309	大德317	东农261
东农264	东农275	敦玉323	丰垦139	广德9	和育502
宏硕298	华硕587	桦单6	吉东823	镜泊湖绿单4号	蠡玉232
利单668	龙信399	农华309	赛玉539	硕秋639	天丰1号
同德139	先达304	先玉1416	协玉306	鑫达6号	鑫鑫1号
益农玉10号	益农玉11号	臻邦168	臻邦517	奥玉518	宏育236
锦华299	MC703	必祥897	春玉101	德美禾19	德育717
丰田1601	富成265	广德5	禾育159	梨玉818	蠡玉105
利禾5	五谷632	武科12	先玉1619	翔玉558	鑫鑫2号
优迪501	优迪919	豫禾695	MC121	MC538	WS58
YF3240	必祥1207	创玉115	丰海7号	滑玉388	桦单18
吉农大819	佳昌309	金诚12	金诚381	科玉15	连禾333
辽单1281	辽单575	强硕168	松楠198	粟科352	五谷635
先达602	先玉1225	先玉1419	先玉1483	秀青835	雅玉609
优迪598	兆育517	兆育298	豫单9953	C1212	C6361
丰德存玉10号	奥玉503	百玉5875	北青340	必祥617	创玉102
滑玉127	机玉12	金北209	金诚6	科玉188	农华208
晟玉18	苏玉44	万盛69	伟育2号	先玉1140	新单61
秀青829	院玉66	J8525	金园15	先玉1321	SAU1402
帮豪玉208	高科玉138	昊玉501	禾康9号	华玉12	吉圣玉1号
吉圣玉207	杰单158	金禾130	金亿1157	金亿219	金亿418
经禾168	垦玉999	黔单88	青青100	青青700	青青921
雅玉988	永越88	友玉106	友玉988	正玉983	天益青9号
金糯695	粮源糯2号	密花甜糯3号	斯达糯38	万黄糯253	BM800
双甜318	郑甜78	苏玉糯602	郑黄糯968	焦点糯517	金玉糯9号
科花糯828	苏科糯1501	天贵糯932	万黄甜糯1015	双色甜5号	维甜1号
粤甜28	浙甜11	泰鲜甜1号	夏甜都都	仲甜5号	京科青贮932
北农青贮368	大京九26	成青398	荣玉青贮1号	饲玉2号	中玉335
涿单18	佳球105	金450	申科爆2号	申科爆3号	沈爆6号
沈爆7号	丰垦165	锦华506	利合629	奥邦A8	高锐思4601
宏育436	华北140	吉大218	金辉106	宁玉708	沁单311
庆单16	荃研1号	瑞福738	祥玉19	兴丰3	S1602
SK567	必祥809	承单813	创玉411	春光99号	丹玉311

方玉6402	丰德存玉13	甘优169	甘优638	亨达568	红泰696
泓丰707	鸿基966	九粟702	九粟904	坤瑞28	梨玉816
利单679	利禾1	联丰168	庆单15	硕秋631	雄玉1688
宇玉502	御科401	JK9681	MC618	MC687	S2869
丹玉212	福盛699	广德2756	宏博701	宏育239	华农5173
惠民207	稼农3169	金科玉3306	金圣玉35	九粟910	辽单585
龙星1号	明科玉2号	明玉268	宁玉688	农华127	荃科666
瑞丰266	瑞普909	太玉811	五谷738	伊邦2号	优迪503
云化1号	纵横836	NK718	必祥616	登海6188	东玉158
甘优661	冠昇601	豪威556	恒硕167	衡玉321	宏瑞2081
惠民157	机玉110	冀玉3421	九粟907	泅丰G136	科试647
科腾918	联研155	良玉DF31	鲁单888	孟玉338	明天517
宁玉721	濮玉18	圣瑞565	双惠87	硕育668	太玉339
万盛103	伟育618	沃玉3号	五谷563	先玉1650	先玉1656
翔玉218	翔玉998	新单68	宇慧369	裕丰512	源育157
兆育107	兆育261	正弘658	郑单2265	众玉88	纵横618
Q2146	春光7501	德单1001	德发719	敦玉758	豪威568
华西948	京科968	垦玉100	联达588	联达6124	潞玉1572
宁玉909	平安169	秦丰515	川单308	鼎程811	泓丰159
金单68	金单98	金玉102	康农玉508	隆瑞696	隆瑞8号
绵单232	天艺193	先玉1382	渝豪单2号	正昊235	黄糯9号
金糯691	京科糯2010	京科糯623	密花甜糯12号	密甜糯4号	农科糯303
斯达糯32	斯达糯41	万糯161	万糯162	中糯330	金冠220
京科甜608	农科甜563	中农甜488	中农甜828	华耐甜糯101	京科糯2016
京科糯609	BM488	农科甜601	斯达甜219	萃甜618	华美甜368
江甜088	金百甜15	闽双色4号	苏科甜1506	万鲜甜159	万鲜甜178
粤甜29号	珍甜368	东科301	C9640	富尔2292	富尔943
九圣禾235	垦沃5号	郑品玉491	隆平702	大民6609	富尔2233
C2188	登海512	富尔302A	富育1505	富育1648	华皖763
锦华225	锦华313	隆平912	陇研588	美豫32	美豫33
美豫35	美豫36	美豫37	农华312	强盛557	中垦玉101
郑原玉432	郑原玉436	BS1718	DHJ338	登海179	登海378
富育1611	金博士822	锦华228	九圣禾524	九玉J03	九玉M03
隆平618	隆平901	美豫811	美豫812	美豫815	强盛506
优旗511	玉丰506	郁青358	裕丰307	郑品玉456	中地103
中地88	中地9988	中垦玉206	BS1809	C3288	C7899

DHT1597	ND367	奥美11	奥玉408	奥玉501	奥玉510
诚信1601	诚信ZH863	德科622	登海122	登海173	登海3315
登海539	东单608	东单610	东单9573	宏硕738	吉单56
金诚35	宽玉520	乐农79	联创825	联达A74	龙垦118
隆禧109	美加605	美豫22	美豫513	美豫818	平安1605
强盛538	强盛559	秋乐117	秋乐818	翔玉588	翔玉988
鑫研218	裕丰309	裕丰310	豫禾161	豫禾162	豫禾368
中单4374	中单882	中地159	中农大751	中奕农23	C1210
ND376	东单2184	东单6531	东单913	富育1512	九玉Y02
浚单509	齐单109	硕秋518	新科891	永优1573	郑原玉8
LB101	邦玉339	登海695	耕玉505	金凯7号	九圣禾2468
九新631	九玉W03	潞玉1403	齐单951	强盛325	强盛326
秋乐138	秋乐519	天泰358	中地89	登海857	登海858
国豪玉23号	金博士129	金博士158	金博士866	隆白1号	隆单1604
隆黄2502	潞玉1681	强盛520	天宇502	巡玉608	仲玉1181

四、大豆品种（35个）

蒙豆44	汇农417	黑科60号	明星0911	东农63	华疆12
蒙豆1137	华庆豆103	合农85	垦农38	合农114	吉农50
长农38	吉育441	铁豆82	长农33	德豆10	铁豆67
中黄78	齐黄34	石885	潍豆8号	濮豆955	冀豆16
汉黄1号	中豆44	浙春8号	鄂2066	油6019	蒙1301
潍科8号	圣豆40	桂夏7号	桂夏豆109	奎鲜5号	

五、棉花品种（6个）

中棉所110	鲁棉1127	鲁杂2138	华惠13	湘杂198	创棉508